Richard Heymons

Beiträge zur Morphologie und Entwicklungsgeschichte der Rhynchoten

Richard Heymons

Beiträge zur Morphologie und Entwicklungsgeschichte der Rhynchoten

ISBN/EAN: 9783743657373

Hergestellt in Europa, USA, Kanada, Australien, Japan

Cover: Foto ©berggeist007 / pixelio.de

Weitere Bücher finden Sie auf **www.hansebooks.com**

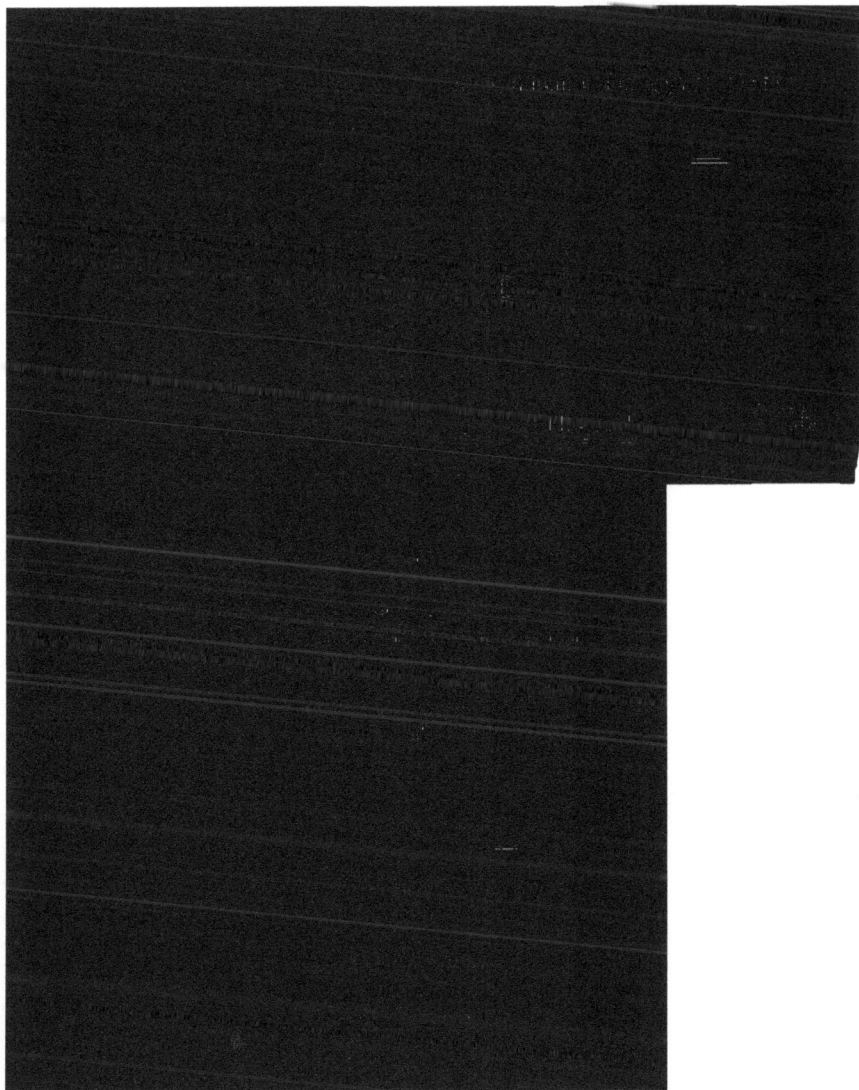

NOVA ACTA.

Abh. der Kaiserl. Leop.-Carol. Deutschen Akademie der Naturforscher

Band LXXIV. Nr. 3.

Beiträge

zur

Morphologie und Entwicklungsgeschichte der Rhynchoten.

Von

Dr. Richard Heymons,

Privatdocent und Assistent am Zoologischen Institut in Berlin.

Mit 3 Tafeln. No. XV—XVII.

Eingegangen bei der Akademie am 4. März 1899.

HALLE.
1899.
Druck von Ehrhardt Karras, Halle a. S.

Für die Akademie in Commission bei Wilh. Engelmann in Leipzig.

Inhaltsübersicht.

Seite

Einleitung . .   5

I. Heteroptera Cryptocerata.
    1. Die Embryonalanlage 7
    2. Die Bildung des Kopfes und der Mundtheile . . . . . , ... 13
    3. Die Bildung des Thorax 23
    4. Die Bildung des Abdomens 28

II. Heteroptera Gymnocerata.
    A. Untersuchungen an Cimex dissimilis.
    1. Die embryonalen Entwicklungsvorgänge 38
    2. Die Bildung des Kopfes und der Mundwerkzeuge . . . . , . . 42
    3. Die Bildung von Thorax und Abdomen 46
    B. Untersuchungen an Pyrrhocoris apterus 49

III. Zusammenfassung unter Berücksichtigung früherer Arbeiten über Heteropteren.
    A. Kopf und Mundtheile der Heteropteren 53
    B. Zusammensetzung des Thorax und Abdomens bei den Heteropteren . . 63

IV. Homoptera.
    A. Beschreibender Theil 70
    B. Uebersicht über die früheren Ergebnisse 80

V. Phytophthires 84
VI. Allgemeiner Theil.
    A. Ueber die Organisation der Rhynchoten 87
    B. Verwandtschaftsverhältniss der Rhynchoten zu anderen Insekten 99
Litteraturverzeichniss 103
Erklärung der Abbildungen 105

Der Umstand, dass gerade in der Morphologie der Rhynchoten noch eine Anzahl ungelöster Fragen und Controversen zu entscheiden sind, hat die Veranlassung zu vorliegender Bearbeitung geboten. Dieselbe kann gleichzeitig als Fortführung und weiterer Ausbau der früher von mir veröffentlichten beiden Abhandlungen „die Segmentirung des Insektenkörpers" (1895) und „Grundzüge der Entwicklung und des Körperbaues von Odonaten und Ephemeriden" (1896) gelten.

Der bei der Untersuchung eingeschlagene Weg ist jedenfalls bei der gegenwärtigen Arbeit der gleiche geblieben, indem ich mich bemüht habe, durch das Studium der Entwicklungsgeschichte vom Ei resp. Embryo anfangend zunächst über den Körperbau der Larve und hierauf über die Organisation des ausgebildeten Insektes Klarheit zu gewinnen.

So selbstverständlich es ist, dass die entwicklungsgeschichtliche Untersuchungsmethode natürlich nicht zur Lösung aller morphologischen Probleme den Schlüssel liefern kann, so dürfte doch auch in entomologischen Fachkreisen sich mehr und mehr die Ueberzeugung Bahn brechen, dass die Kenntniss der Jugendstadien für die richtige Beurtheilung der Zusammensetzung des Insektenkörpers von grosser Wichtigkeit ist, indem in vielen Fällen z. B. hinsichtlich der Gliederung, der Segmentzugehörigkeit bestimmter Anhänge u. a. die Entwicklungsgeschichte unter gleichzeitiger Berücksichtigung der vergleichend-anatomischen Verhältnisse allein sicheren und einwandsfreien Aufschluss zu gewähren vermag. Die ältere Methode, die allerdings noch jetzt von manchen Autoren fast ausschliesslich angewendet wird, lediglich die äusseren Harttheile ausgebildeter Insekten miteinander zu vergleichen und darauf Homologien und mehr oder minder weittragende Hypothesen zu bauen, kann dagegen nur als eine durchaus unzulängliche bezeichnet werden.

Meine Beobachtungen bezogen sich ursprünglich nur auf einige Wasserwanzen (Cryptocerata). Von Landwanzen (Gymnocerata) fügte ich später die Gattungen Cimex und Pyrrhocoris hinzu, und als ich durch die Liebenswürdigkeit von Dr. L. O. Howard, Director der entomologischen Abtheilung des Department for Agriculture in Washington U. S. A., in den Stand gesetzt wurde, auch die Entwicklung der amerikanischen Cikade (Cicada septemdecim L.) zu studiren, zog ich auch Homopteren in den Kreis der Untersuchungen hinein. Einige kurze Angaben über die Phytophthiren, sowie einige Bemerkungen allgemeinen Inhaltes bilden den Schluss der vorliegenden Mittheilungen.

I. Heteroptera Cryptocerata.

Untersuchungen an Naucoris cimicoides L., Notonecta glauca L. und Nepa cinerea L.

1. Die Embryonalanlage.

Die drei Formen, welche ich zur Untersuchung verwendete, zeigen in ihrer Körperbildung nur sehr geringe Unterschiede. Sowohl bei Nepa, wie bei Notonecta und Naucoris legt sich der Keimstreifen am hinteren Ende des Eies an und wächst, gerade wie dies schon für zahlreiche andere Insekten beschrieben worden ist, an der Dorsalfläche des Eies entlang, so dass er bald den vorderen Eipol erreicht. Die Orientirung ist nunmehr in ganz typischer Weise eine derartige, dass das Kopfende des Embryonalkörpers nach dem hinteren, das Hinterende desselben nach dem vorderen Eipole gerichtet ist (Fig. I). Erst durch den Umrollungsprocess erlangt der Embryo die entgegengesetzte Lage im Ei, welche er dann bis zum Ausschlüpfen beibehält. Während bei Notonecta und Naucoris der von den Embryonalhäuten umgebene Keimstreifen vollkommen an der Oberfläche des Eies verbleibt, so ist bei Nepa die Embryonalanlage auch ventralwärts von einer dünnen zwischen Amnion und Serosa befindlichen Dotterschicht umhüllt. In dieser Hinsicht weist Nepa ein Verhalten auf, welches auch für gewisse Gymnoceraten noch zu erwähnen sein wird.

Auffallend frühzeitig gelangen bereits an der Embryonalanlage die hauptsächlichsten Körperregionen zur Absonderung. Dieselben sind schon vor dem Eintreten der eigentlichen Segmentirung zu unterscheiden (Fig. 8). Auf das durch zwei auffallend grosse Scheitellappen gekennzeichnete Vorderende folgt ein halsartig verjüngter Abschnitt (Kf), der den hinteren Kopfsegmenten entspricht. Der sich hieran anschliessende Abschnitt (Th) enthält das Bildungsmaterial für den Thorax und die Beine, während der schmalere Endtheil des Embryonalkörpers (Abd) späterhin zum Abdomen wird.

Bei den hier untersuchten Embryonen, besonders deutlich bei Notonecta, tritt somit die Erscheinung einer sog. primären Segmentirung des Keimstreifens deutlich zu Tage. Letztere beruht darauf, dass vor dem Eintreten der definitiven Segmentirung die hauptsächlichen Körperregionen sich bereits daran erkennen lassen, dass sie entsprechend ihrer späteren Entfaltung schon von vornherein einen grösseren oder geringeren Umfang besitzen. Dass es sich hier aber nicht um eine echte Segmentirung oder um

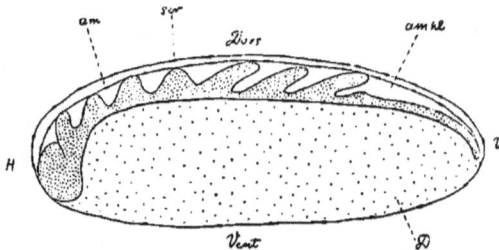

Fig. 1. Längsschnitt durch ein Ei von Notonecta glauca mit Keimstreif.
am = Amnion, amhl = Amnionhöhle, D = Dotter, Dors = Dorsalseite des Eies, H = Hinterende, ser = Serosa, V = Vorderende, Vent = Ventralseite.

einen Zerfall in „Macrozoniten" handelt, beweist der Umstand, dass das Mesoderm in dem betreffenden Stadium noch unsegmentirt ist und ohne Grenze von dem einen zum anderen Abschnitt hinüberzieht.

Die echte Segmentirung und Extremitätenbildung folgt erst später nach, und zwar geht sie zuerst im Brustabschnitt vor sich. Es zeigen sich an den Seiten desselben sechs zapfenförmige Vorsprünge, je drei grössere und drei kleinere. Die ersteren sind die Anlagen der Thoraxbeine, die vor den grösseren Zapfen befindlichen kleineren werden zu den Tergiten oder Rückenplatten der Segmente (Fig. 6).

Bald nachdem sich im Thorax die besprochene Gliederung vollzogen hat, erscheinen im Kopfabschnitt die Kieferanlagen. Die hinteren Maxillen eilen in der Entwicklung den übrigen Mundtheilen voraus. Aehnlich wie im Thorax tritt auch vor ihnen eine, nur etwas kleinere, Tergitanlage auf (Fig. 17 Terg. mx$_2$). Im vorderen Maxillarsegment legt sich das Maxillenpaar in entsprechender Weise an, die Tergitanlagen sind indessen hier viel kleiner und nicht mehr deutlich gesondert. Die Mandibeln kommen zuletzt zum Vorschein, sie sind die kleinsten unter den genannten Gliedmassenanlagen, stimmen in ihrem Habitus mit den letzteren aber in jeder Hinsicht vollkommen überein.

In einem etwas späteren Stadium tritt vor der Mundöffnung die Anlage des Clypeus und der Oberlippe hervor. Die ist unpaar und zeigt an ihrem nach hinten gerichteten freien Rande eine Einkerbung.

Während das hintere Maxillenpaar im wesentlichen eine beinartige Gestalt gewinnt und in seiner Form an die Thoraxextremitäten erinnert, so geht an dem vorderen Maxillenpaar eine eigenthümliche Veränderung vor sich. Die betreffenden Gliedmaassenhöcker werden auffallend breit, und es macht sich an ihrem distalen Ende eine von vorn nach hinten ziehende Furche bemerkbar, die beim weiteren Wachsthum schliesslich zu einer vollkommenen Durchschnürung des ursprünglich einheitlich angelegten Kiefers führt.

Die Durchschnürung ist in dem in Fig. 29 dargestellten Stadium noch keine ganz vollständige, d. h. die beiden Theilhälften hängen noch an der Basis miteinander zusammen. Man kann aber jedenfalls von nun ab zwei Abschnitte an den vorderen Maxillen unterscheiden, einen lateralen grösseren und einen medialen kleineren. Der laterale Abschnitt (Fig. 29 Mxp.) besitzt eine höckerförmige Gestalt und mag dementsprechend als Maxillarhöcker bezeichnet werden. In morphologischer Hinsicht entspricht der letztere der Hauptmasse der Maxille resp. ihrem Stammtheile, während der zapfenförmig gestaltete mediale Abschnitt (Mxl) die morphologische Bedeutung einer von dem Maxillenstamm secundär abgetrennten Lade · (Lacinia oder Lobus maxillaris) besitzt. Dass diese Auffassung die zutreffende ist, scheint mir daraus hervorzugehen, dass der Maxillarhöcker noch die primäre Richtung der ursprünglich einfachen Gliedmaassenanlage nach der lateralen Seite beibehalten hat. Der Maxillarhöcker verhält sich hiermit homostich zu den hinteren Maxillen und den folgenden Beinpaaren, er liegt in derselben Linie und in gleichen Abständen von der Medianlinie wie diese. Die vom Maxillarhöcker abgegliederte zapfenförmige Lade dagegen ist mit ihrer Längsachse dorsoventral gerichtet, sie liegt unmittelbar hinter den Mandibeln, mit denen sie in Lage und Richtung vollständig übereinstimmt.

Wichtig für die eben vorgetragene Auffassung ist ferner die Vertheilung des Mesoderms. Sowohl der Stammtheil wie der Ladentheil der vorderen Maxillen enthalten solches. Doch ist zu berücksichtigen, dass der erstere Theil oder Maxillarhöcker die eigentliche auf das Cölomsäckchen zurückzuführende Hauptmasse des Mesoderms umschliesst, von der sich gewissermassen nur ein Ausläufer in die mediale Maxillarlade hinein erstreckt.

Unberücksichtigt habe ich bisher die Anlage des Abdomens gelassen. Die Gliederung in isolirte Segmente tritt im Hinterleibe später ein als in den beiden vorangehenden Körperabschnitten (Fig. 17) und erfolgt wieder in der Richtung von vorn nach hinten. Die Gliederung ist aber im Abdomen insofern eine etwas ungleichmässige, als sich zunächst nur neun deutliche Abdominalsegmente abgrenzen, an welche hinten ein unsegmentirter Endabschnitt sich anschliesst. Letzterer zerfällt später abermals in zwei Segmente, sodass dann elf typische Abdominalsegmente vorhanden sind. Der Ausdruck typisch rechtfertigt sich insofern, als in sämmtlichen Segmenten Bestandtheile des späteren Bauchmarks (Ganglienzellen) angelegt werden. In den ersten zehn Segmenten ist es nicht schwer, die Ganglionanlagen schon an Totopräparaten ohne Weiteres zu erkennen. Beim letzten Abdominalsegmente ist dies nicht mehr möglich, weil hier kein vollständiges Ganglion mehr ausgebildet wird. Doch ergeben Schnittserien, dass innerhalb des 11. Abdominalsegmentes wenigstens noch eine geringe Anzahl von Ganglienzellen in der Nähe der Medianlinie von der oberflächlichen Hypodermisschicht aus zur Absonderung gelangt (Fig. 21).

Die Aftereinstülpung tritt nicht im 11. Abdominalsegmente, sondern hinter diesem auf. Ein selbständiges Analsegment oder Telson kommt allerdings nur in ganz rudimentärer Weise zur Ausbildung, es besteht bei den zur Untersuchung verwendeten Wanzen lediglich aus einer schmalen, den Afterrand bildenden Zellenschicht.

Die Bildung von eigentlichen Abdominalextremitäten bleibt auf das erste Abdominalsegment beschränkt (Fig. 17). Hier treten zwei knopfförmige Höcker hervor, welche anfangs an die Mandibeln jugendlicher Keimstreifen in ihrer Form erinnern. Sie treten unmittelbar zu den Seiten der Ganglionanlage auf, lateral von ihnen befindet sich der breite Segmentrand, welcher als Tergitanlage aufzufassen ist.

Obwohl in den folgenden Abdominalsegmenten (2.—11.) von selbständigen Extremitätenbildungen nicht mehr gesprochen werden kann, so kommen doch noch in ihnen paarweise wulstförmige Höcker zur Ausbildung, welche man zunächst geneigt sein könnte, ohne weiteres als die Rudimente abdominaler Gliedmassenanlagen anzusprechen. Dies ist aber nur theilweise der Fall, denn die paarigen Wülste stellen grösstentheils die schon beim Embryo stark verdickten Medianränder der Tergitanlagen dar. Ich will sie kurz als Tergitwülste bezeichnen (Fig. 1 Tergw). Nach einer genauen Untersuchung kann es aber nicht zweifelhaft sein, dass in der medialen Parthie eines jeden Tergitwulstes auch noch der Ueberrest des entsprechenden abdominalen Gliedmassenhöckers eingeschmolzen ist. Dies zeigt die Lage der Stigmen an. Letztere befinden sich im Thorax lateral von den Beinen, medial von den hier ebenfalls wulstförmig verdickten Tergitanlagen. Da nun im Abdomen die Stigmen nicht medial von den Tergitwülsten liegen, sondern vorn und auf denselben angebracht sind, so folgt daraus, dass man die medial (und hinter) dem Stigma gelegene Parthie des Tergitwulstes als eingeschmolzenen Gliedmassenrest deuten kann. Hierfür sprechen ferner gewisse, noch zu erwähnende Beobachtungen an Gymnoceraten, welche in dieser Hinsicht klarere Verhältnisse erkennen lassen, sowie endlich der Umstand, dass die medialen Theile der Tergitwülste in der gleichen Lagebeziehung zu den Cölomsäckchen stehen, wie dies bei den weiter vorn befindlichen thorakalen Gliedmassenanlagen der Fall ist.

Am ersten Adominalsegmente wandeln sich die Gliedmassenanlagen zu den schon bei zahlreichen Insektenembryonen aufgefundenen drüsigen Organen um (Wheeler 89). Sie sinken bereits bei älteren Keimstreifen unter Ausscheidung einer Sekretmasse unter die Körperoberfläche ein (Fig. 1 u. 5 Abx$_1$), erhalten sich aber daselbst und sind selbst noch bei jungen Larven an der bezeichneten Stelle erkennbar.

Inzwischen sind im Bereiche des hinteren Maxillensegmentes zwei tiefe Einstülpungen aufgetreten. Dieselben befinden sich medial am Hinterrande der Kiefer und liefern später die grossen im Thorax der Wanze gelegenen Speicheldrüsen.

In den soeben beschriebenen Stadien lassen die mittlerweile lang ausgewachsenen Thoraxbeine die ersten Spuren der beginnenden Gliederung erkennen (Fig. 5). Es werden an ihnen durch Einkerbungen zunächst vier Abschnitte von einander gesondert. Ein breites und relativ langes basales Stück entspricht im wesentlichen der Coxa, die übrigen Stücke stellen die aufeinander folgenden Anlagen von Femur, Tibia und Tarsus dar.

Es ist interessant, dass ungefähr zu gleicher Zeit an den hinteren Maxillen eine ganz ähnliche Gliederung sich bemerkbar macht. Auch hier markiren sich jetzt vier Abschnitte, die allerdings anfänglich noch durchaus nicht so scharf und deutlich wie bei den Thoraxextremitäten abgesetzt sind. Die Basaltheile, die mit den Coxen sich etwa vergleichen liessen, sind bei den hinteren Maxillen ebenfalls relativ breit, während die übrigen Stücke allmählich nach dem distalen Ende hin sich verjüngen. Das proximale Basalglied der Maxillen mag als Glied 1, die folgenden entsprechend als Glied 2, 3 und 4 bezeichnet werden. Ist die Gliederung eingetreten, so krümmen sich die Thoraxextremitäten und wenden unter Einknickungen der einzelnen Glieder sich nach der Medialseite hin (Fig. 1). Die Knickungen haben augenscheinlich nur den Zweck der Drehbewegung innerhalb des geringen zur Verfügung stehenden Raumes zwischen Amnion und Körperoberfläche überhaupt zu ermöglichen. Sobald die Drehung von der lateralen zur medialen Seite vollzogen ist, strecken die einzelnen Glieder sich wieder aus, und die Beine liegen alsdann in gerader Richtung von vorn nach hinten verlaufend, der Körperfläche an (Fig. 5).

Der gleichen Drehung unterliegen bald darauf die hinteren Maxillen. Nur vermisst man an ihnen eine Einkrümmung, und zwar augenscheinlich deswegen, weil die Glieder noch nicht scharf genug abgesetzt und überdies hinreichend kurz sind, um ohne Weiteres eine Wendung ausführen zu können. Die hinteren Maxillen gehen somit ebenfalls aus der lateralen in eine mediale Stellung über, ihre beiderseitigen Basalglieder rücken dabei aneinander und legen sich zusammen, womit dann der hintere Abschluss des Kopfes gegen den Rumpf gegeben ist.

Die vorderen Maxillen sind noch ziemlich unverändert geblieben, Ihre Laden erscheinen nur in der Längsrichtung etwas verlängert, wie dies auch bei den Mandibeln der Fall ist. Die Stammtheile des ersten Maxillenpaares zeigen sich als zwei breite kräftige Fortsätze, nächst den hinteren Maxillen stellen sie die compactesten Bestandtheile der Mundwerkzeuge dar.

Das Abdomen hat währenddessen eine eigenthümliche kahnförmige Gestalt gewonnen, welche dadurch hervorgerufen wird, dass die Tergitwülste stärker hervortreten und sich nach der Medianseite biegen, sodass die letztere etwas vertieft erscheint. Diese kahnförmige Gestalt habe ich in dem bezeichneten Stadium am deutlichsten bei Keimstreifen von Nepa ausgeprägt gefunden (Fig. 5).

Hierauf kommt es zur bekannten Umrollung des Keimstreifens, in Folge deren der Körper nach dem Riss der Embryonalhüllen an die ventrale Fläche des Eies gelangt.

2. Die Bildung des Kopfes und der Mundtheile.

Betrachtet man den Kopf eines jungen Embryo nach der Umrollung, so fällt zunächst auf, dass die hinteren Maxillen sich jetzt in ihrer ganzen Länge in der Medianlinie aneinander gelegt haben und dort verwachsen sind. Von der Verschmelzung bleiben anfangs nur die distalen oder vierten Glieder ausgeschlossen. Mit der Verwachsung der Maxillen ist das Labium (Schnabel, Proboscis oder Rostrum) der Wanze angelegt. Da die Maxillen sich unter einem Winkel aneinander gefügt hatten, so besitzt das Labium von vorn herein die Gestalt einer flachen Rinne mit nach vorn gerichteter Concavität.

Während des weiteren Entwicklungsverlaufes macht sich ein Concentrationsprocess der Mundtheile geltend, welcher in einer Verschiebung der Kiefer nach vorn besteht. Dieser Vorgang ist bei allen Hemipteren sehr stark ausgeprägt und führt zu einer Zusammenschiebung der medialen zwischen den Basaltheilen der Kiefer befindlichen Hautpartie, aus welcher der Hypopharynx hervorgeht. Verglichen mit dem entsprechenden Organ anderer Insekten ist aber der Hypopharynx der Wanzen von Anfang an relativ klein und unscheinbar, obwohl es keine Schwierigkeiten macht, ihn bei sorgfältiger Präparation oder auf Schnitten zu Gesicht zu bekommen.

Er hat bei den hier besprochenen Formen im wesentlichen die Gestalt eines Kegels mit distalwärts gewendeter Spitze (Fig. 16 Hyp.).

An der Basis des Hypopharynx, in der Tiefe der sattelförmigen Einstülpung, die sich zwischen ihm und dem Labium befindet, macht sich alsbald eine ectodermale Einstülpung (Splx) bemerkbar. Die letztere liefert das Material für einen eigenartigen Druck- und Pumpapparat, den man als „Wanzenspritze" bezeichnet hat, und dessen anatomischer Bau bereits von Geise (83) und Wedde (85) ausführlich beschrieben wurde.

Der betreffende Apparat dient zum Ausspritzen des Speichels. Seine Construction ist derart, dass in einer Chitinkapsel ein kolbenartiger Stempel auf- und niederbewegt werden kann. Bei Zurückziehung des Stempels durch einen Muskel tritt in die Kapsel Speichel ein, welcher bei Erschlaffung des Muskels durch den wieder vorwärts schnellenden Stempel ausgespritzt wird.

Dieser Apparat bildet sich schon frühzeitig beim Embryo aus. Die Ectodermeinsenkung liefert die Kapsel, welche ungefähr glockenförmig gestaltet ist. Der centrale Klöppel, der sich auf dem Boden der Kapsel erhebt, wird zu dem die Pumpbewegung vermittelnden Stempel. Letzterer erhält gegen Ende des Embryonallebens eine sehr starke Chitinbedeckung. An der Spitze des Stempels entsteht abermals eine tiefe und sehr enge Einstülpung, deren Lumen mit Chitin ausgefüllt wird. Der Chitinstrang stellt die Sehne des den Stempel bewegenden Musculus retractor dar.

Auf den Ursprung der Speicheldrüsen wurde bereits oben hingewiesen. Von den zwei Drüseneinstülpungen, die anfänglich an der Basis der hinteren Maxillen sich befinden, wuchert eine umfangreiche zellige Masse ins Innere, die sich in mehrere Schläuche und Divertikel theilt und den eigentlichen Drüsenkörper nebst dessen Ausführungsgängen liefert. Die primären Drüseneinstülpungen werden bei der Bildung des Labiums mit in das Bereich der oben erwähnten Ectodermeinstülpung hinein gezogen und münden daher später in die Kapsel des Spritzapparates ein.

In morphologischer und genetischer Hinsicht ist der eben beschriebene Spritzapparat mit dem unpaaren Speichelgange anderer Insekten zu vergleichen, der bei den Wanzen (und den übrigen Rhynchoten) somit eine sehr eigenthümliche Umgestaltung erfahren hat.

Mit der Beschreibung des Spritzapparates, dessen Ontogenie bisher noch unbekannt war, ist in der Schilderung des Entwicklungsverlaufes etwas vorgegriffen worden. Es ist zunächst nothwendig, wieder auf ein früheres embryonales Stadium (zur Zeit der Umrollung) zurückzugehen.

Die Aufmerksamkeit wird während dieser Entwicklungsperiode durch Umgestaltungen der Mandibeln und Maxillen in Anspruch genommen. Die ersteren, sowie die abgegliederten Laden der letzteren sind zu langen stabförmigen Organen geworden, deren distales Ende verdickt ist. Im Innern sind einige wenige strangförmig angeordnete Mesodermzellen anzutreffen.

Am Kopf machen sich gleichzeitig Wachsthums- und Verschiebungsprocesse bemerkbar, durch welche die Untersuchung ungemein erschwert wird. Nahezu die gesammte postorale Kopfparthie, soweit sie Träger der Mandibeln und Maxillenladen ist, zieht sich in eine Art Atrium zurück, welches kapuzenförmig von der vorderen prätoralen Kopfparthie überdeckt wird. Die Ueberwallung wird durch die Oberlippe eingeleitet, welche als ein Fortsatz der Clypeusanlage zu betrachten ist, der bei Nepa zu einem schmalen lancettförmigen Gebilde auswächst, ferner sind es die vorderen und seitlichen Parthieen des Kopfes, die namentlich bei Naucoris und Notonecta in Form einer Duplicatur nach hinten sich ausdehnen.

Die Mandibeln und Maxillenladen verschwinden auf diese Weise gänzlich von der Oberfläche, und erst bei genauerer Untersuchung bemerkt man, dass sie sich in tiefe, taschenartige Höhlungen zurückgezogen haben, die weit in den Binnenraum des Kopfes hineinreichen. Noch während des Einsinkens scheidet sich an ihrem distalen Ende Chitinsubstanz ab. Je tiefer nun die betreffenden Kiefertheile in das Körperinnere gelangen, desto intensiver wird die Production von Chitin, sodass schliesslich vier lange Chitingräten resultiren, zwei mandibulare und zwei maxillare, welche die bekannten Stechborsten darstellen. Die Matrix der letzteren ist also in den am Grunde der vier Kiefertaschen verborgenen kleinen Mandibeln und Maxillenladen zu erblicken. Die Stechborsten sind anfänglich sehr zarte farblose Chitingebilde, die ihre spätere characteristische dunkelbraune Färbung erst kurz vor dem Abschluss der Embryonalentwicklung gewinnen.

Das Einsinken der erwähnten Kiefertheile in ihre Taschen findet am frühesten bei Nepa statt, während sie bei Notonecta am längsten oberflächlich verbleiben und erst zur Zeit, wenn das kugelige von der Serosa gebildete Dorsalorgan in den Dotter gelangt, von den Kiefertaschen aufgenommen werden.

Hinsichtlich der Form der letzteren ist zu bemerken, dass sie bei der beträchtlichen Länge, die sie ziemlich rasch erreichen, unmöglich in gerader Richtung in das Innere des Kopfes hineinwachsen können, sie sind vielmehr gezwungen, nach der lateralen Seite sich umzubiegen und rollen sich dabei posthornförmig ein. Man kann hierbei beobachten, dass das den Mandibeln angehörende Taschenpaar von vornherein weiter ventralwärts liegt und kleiner bleibt, als das maxillare Taschenpaar.

Hiermit ist ein sicheres Unterscheidungsmittel zur Hand, welches es gestattet, ohne Schwierigkeit auch im weiteren Entwicklungsverlauf die Kiefertaschen von einander zu unterscheiden. Ein solches Merkmal ist um so wichtiger, als es eine bestimmte Entscheidung der mehrfach discutirten Frage ermöglicht. welches Stechborstenpaar der ausgebildeten Wanze den Mandibeln und welches den Maxillen anderer Insekten gleich zu setzen sei. Im Bereiche des Labiums treten bekanntlich die medianen Stechborsten zur Bildung eines unpaaren Saug- und Speichelrohres zusammen, während die lateralen Borsten isolirt bleiben. Im Hinblick auf die oben angegebene Lagerung der Kiefertaschen lässt es sich mit Bestimmtheit feststellen, dass die medianen Borsten den maxillaren, die lateralen dagegen den mandibularen Kiefertaschen angehören.

Es sind jetzt noch einige Worte über das Labium nachzutragen. Wie oben gesagt, setzt sich dasselbe aus vier Gliedern zusammen. Von denselben sind das erste und vierte am deutlichsten abgegliedert, während die beiden mittleren bis gegen Ende der Embryonalentwicklung inniger zusammenhängen.

Das basale Glied stellt bei Notonecta den breitesten und kräftigsten Abschnitt dar. Seine lateralen Parthien wölben sich so stark hervor, dass zwischen ihnen eine tiefe Furche zur Aufnahme der in das Labium eintretenden Stechborsten zurückbleibt. Diese Furche wird von der dreieckigen Oberlippe zugedeckt.

Bei Naucoris ist das Verhalten ein ganz ähnliches. Nur wird das hier sehr kurze basale Glied so vollständig von der breiten Oberlippe überdeckt, dass das Labium von Naucoris bei flüchtiger Betrachtung dreigliedrig erscheint. Nepa schliesst sich in dieser Hinsicht an Naucoris an,[1]) weist aber noch eine besondere Eigenthümlichkeit auf.

An der durch die Rinne ausgezeichneten Vorderseite des Labiums treten bei Nepa am distalen Ende des dritten Gliedes zwei tasterähnliche Fortsätze auf, die ich als Appendices Labii bezeichnen will. Sie sind bei der Imago schon seit längerer Zeit bekannt (Fig. 34 Appl).

Die Entstehung der Appendices Labii fällt in diejenige Embryonalperiode, welche unmittelbar der Umrollung des Keimstreifens vorangeht. Sobald die hinteren Maxillen sich zur Bildung des Labiums an einander legen, vertiefen sich die trennenden Einschnitte zwischen den Rüsselgliedern und zwar besonders zwischen dem 1. und 2. und dem 3. u. 4. Gliede. Die lateralen Partieen des 3. Gliedes schieben sich hierbei an der Vorderseite des Labiums etwas über das 4. Glied hinüber, sie sind anfänglich dem letzteren aufgelagert, erheben sich aber später und werden, indem sie sich abgliedern, zu den oben erwähnten Appendices. Diese letzteren sind somit ontogenetisch auf die vorstehenden distalen Spitzen des 3. Labialgliedes zurückzuführen. Das distale Ende des 3. Gliedes hat durch die Appendices eine gewisse Aehnlichkeit mit dem distalen Ende des 4. Gliedes erhalten. An dem letzteren kann man ebenfalls zwei isolirte frei vorstehende Spitzen unterscheiden, zwischen denen eine mediane Zunge, die Fortsetzung der Rüsselrinne sichtbar wird.

Die vorstehenden, jedoch nicht abgegliederten Spitzen des Endgliedes entsprechen den Appendices Labii, die mediane Zunge demjenigen Theile des dritten Gliedes, welcher den Anschluss an das vierte vermittelt.

Wenn somit die Mundwerkzeuge im wesentlichen schon innerhalb

---

[1]) Es ist mehrfach angegeben (cf. Fieber 61) und als systematisches Merkmal verwendet worden, dass das Labium von Nepa und Naucoris dreigliedrig sei. Dies ist indessen nicht zutreffend und gilt weder für Embryonen noch Imagines. Von der thatsächlichen Viergliedrigkeit des Labiums kann man sich am besten überzeugen, wenn man letzteres von der Unter-(Ventral-)Seite her betrachtet. Ich bemerke bei dieser Gelegenheit, dass ventralwärts zwischen dem 1. und 2. Labialgliede bei Notonecta eine Art Gelenkverbindung ausgebildet hat, indem vorspringende Chitinknöpfe in entsprechende Vertiefungen eingreifen. Die gleiche Eigenthümlichkeit ist an der entsprechenden Stelle auch bei Nepa und Naucoris vorhanden. Es spricht dies ebenfalls zu Gunsten der hier vertretenen Auffassung.

des Eies fertig gestellt werden, so tritt vor Abschluss der Embryonalentwicklung dem Beobachter doch noch ein fremdartiger Bestandtheil entgegen. Es handelt sich um die Maxillenhöcker, die als breite Fortsätze zu
beiden Seiten des Labiums hervorragen.

Bei genauerer Untersuchung ergiebt sich, dass an dem Maxillarhöcker
inzwischen eine Differenzirung eingetreten ist. Man kann einen plattenartigen medialen und einen erhabenen lateralen Theil unterscheiden. An
dem letzteren ist die Hypodermis verdickt, während der mediale Theil das
gesammte Mesoderm des Maxillarsegmentes enthält. Mit Rücksicht auf den
letzteren Umstand wird man den medialen Abschnitt als den eigentlichen
Grund- und Basaltheil des Maxillenstammes aufzufassen haben, während der
erhabene laterale Abschnitt nur eine distale Fortsetzung des Stammes darstellt. Des leichteren Verständnisses wegen gebe ich den genannten Abschnitten besondere Namen und bezeichne den medialen Theil des Maxillarhöckers als Lamina maxillaris, den lateralen als Processus maxillaris.

Im weiteren Entwicklungsverlauf ändert sich die Gestalt der soeben
beschriebenen Theile, die in einem frühen Stadium in Fig. 16 (Lamx und
Procx) abgebildet sind.

Die Lamina maxillaris wird zu einem einfachen plattenartigen Gebilde, dessen Aussenfläche mit Chitin bedeckt ist. Die Lamina bleibt indessen nicht oberflächlich liegen, sondern wird von der kapuzenartig vor-
wachsenden vorderen Kopfpartie vollständig überwölbt und ist bei der
Larve und dem ausgebildeten Insekt ohne Präparation dann überhaupt nicht
mehr sichtbar.

Erst wenn man den vorderen, eine Duplicatur darstellenden Theil
der Schädeldecke der Wanze abgesprengt hat, stösst man auf zwei kleine
mit farblosem Chitin versehene Platten, die Laminae maxillares, welche die
Ueberreste des rudimentär gewordenen Maxillenstammes repräsentiren.

Die Laminae maxillares sind in Fig. 7 (Lamx) dargestellt, sie sind
bei Notonecta von mehr rundlicher, bei Naucoris von nahezu dreieckiger
Gestalt und liegen stets zur Seite der aus dem Kopf austretenden Stechborsten.

Die Processus maxillares (Fig. 7 Procx) stossen unmittelbar an den
lateralen Rand der Lamina an, sie sind aber nicht wie diese vom Vorder-

kopf überdeckt, sondern liegen oberflächlich. Man bemerkt sie an der Basis des Labiums an der Seitenfläche des Kopfes.

Fig. 32 zeigt die Processus maxillares eines von hinten gesehenen Kopfes der Imago von Notonecta. Sie haben bei diesem Insekt eine annähernd fünfeckige Gestalt. Ihre Seitenflächen stossen an die laterale Kopfwand, an den Clypeus, an die Antennengrube, sowie an die als Gula bezeichnete Unterfläche des Kopfes an. In Form einer Duplicatur überdecken ferner die Processus maxillares ein wenig das Basalglied des Labiums. Da es sich bei den erwähnten Gebilden um flache Platten und nicht um Fortsätze oder Processus handelt, so erscheint die letztere Bezeichnung allerdings nicht glücklich gewählt, sie rechtfertigt sich aber im Hinblick auf gewisse, bei Nepa und anderen Rhynchoten noch zu beschreibende Verhältnisse.

Die vorstehende Schilderung hat im Wesentlichen auch für Naucoris Gültigkeit. Bei Nepa liegt das Verhalten schon ein wenig anders. Die Trennung des ursprünglichen Maxillarhöckers in Lamina und Processus maxillaris ist bei diesem Insekt keine so ausgeprägte wie bei den andern beiden Formen. Beide Theile bleiben bei Nepa in continuirlichem Zusammenhang. Es findet auch keine Ueberwallung der Laminae maxillares statt. Dagegen entwickelt sich der Processus maxillaris jederseits zu einem voluminösen, in seiner Gestalt an eine Zwiebelschale erinnernden Gebilde. Der Processus ist aussen convex, innen concav und umschliesst und verdeckt vollständig die kleine rechteckige Lamina maxillaris. Die beiderseitigen Processus schliessen sich bei Nepa eng an den zwischen ihnen liegenden Clypeus an. Da sie ihre konvexe Seite nach aussen wenden, so sehen sie äusserlich betrachtet wie zwei Halbkugeln aus. In Fig. 34 ist der linke Processus maxillaris in seiner natürlichen Lage dargestellt, der rechte ist etwas aufgebogen, um die Lamina theilweise erkennen zu lassen.

Es hat sich somit gezeigt, dass die vorderen Maxillen der in Rede stehenden Heteropteren in höchst eigenartiger Weise umgestaltet werden. Medialwärts gliedert sich schon frühzeitig von den Maxillen eine umfangreiche Partie als Lade oder Lobus ab, und zieht sich in eine taschenartige Höhlung tief in das Innere des Kopfes zurück, um daselbst eine der medialen Stechborsten (Setae maxillares) zu produciren. Der eigentliche Maxillenkörper selbst bewahrt noch eine Zeit lang die typische Gestalt eines Höckers oder Zapfens, verliert aber schliesslich vollkommen seine Extremitätennatur. Mehr oder weniger deutlich zerfällt er darauf in einen medialen (Lamina max.) und einen lateralen Abschnitt (Processus max.). Beide Abschnitte werden zu einfachen plattenförmigen Gebilden, beide fügen sich in die Schädelwandung ein.

Es fragt sich nun, in welcher Weise die genannten Theile mit einander in Verbindung stehen und welche Anzeichen ihrer dereinstigen Zusammengehörigkeit beim ausgebildeten Insekt sich noch nachweisen lassen. Dass der Processus nur ein Fortsatz der an ihn direkt noch anstossenden Lamina ist, wurde schon oben gesagt, es handelt sich also speciell darum, die Zusammengehörigkeit der letzteren mit der in der Kiefertasche befindlichen Lade herauszufinden. Hier giebt das Verhalten des Mesoderms im Maxillensegmente werthvollen Aufschluss. Sobald die Lade ins Innere versinkt, folgt ihr das Mesoderm in Form eines strangförmigen Gebildes und wandelt sich in einen Muskel um. Letzterer, der das Vorstossen der maxillaren Stechborsten zu besorgen hat und demnach als Protractor zu bezeichnen ist, reicht von dem Grunde der Maxillentasche bis zum vorderen Ende der Lamina maxillaris (Fig. 7 Petrmx.). Da die Maxillartaschen bis über die Kopfmitte sich nach hinten erstrecken, so ist der Muskel natürlich gezwungen, sich eben so stark auszudehnen. Der Musculus protractor maxillaris ist einer der längsten Kopfmuskeln, er ist deswegen von Interesse, weil er zwei Theile miteinander vereinigt, die beim entwickelten Insekt zwar weit von einander entfernt liegen, die aber ursprünglich zusammengehörten und neben einander sich befanden.

Auch die Mandibulartaschen sind selbstverständlich mit einem Musculus protractor versehen. Der letztere geht aus einer kleinen dem Mandibularsegment angehörenden Mesodermgruppe hervor, die, wenn die Mandibel verlängert und zapfenförmig geworden ist, ein wenig vor dieser liegt. An der betreffenden Stelle gewinnt der Muskel dann einen Ansatzpunkt. Die Insertionsstelle der mandibularen Protractoren befindet sich bei der Larve und ausgebildeten Wanze am vorderen Kopfrande, genauer gesagt an der vorderen Partie der als Backe oder Jugum zu bezeichnenden Kopfparthie, und zwar dort, wo diese sich an die davor befindliche Lamina maxillaris anschliesst. In Fig. 7 ist die betreffende Stelle zu erkennen.

Eigenthümlich ist die hintere Endigung des in Rede stehenden Muskels. Meine ursprüngliche Voraussetzung, dass er sich ähnlich wie der maxillare Protractor an die zugehörige Kiefertasche anheften würde, erwies sich bei genauerer Untersuchung als unzutreffend. Der mandibulare Protractor heftet sich vielmehr an eine grosse gabelförmige Chitinsehne an, von welcher ein Ast sich mit der Mandibulartasche verbindet (Fig. 7 Chmd.). Es liegt hier ein Hebelapparat vor. Contrahirt sich der Muskel, so wird durch Drehung des Chitinstückes auf die Mandibulartasche eine Zugwirkung ausgeübt, durch welche die lateralen Stechborsten hervorgetrieben werden.

Den betreffenden Hebelapparat habe ich bei allen von mir untersuchten Cryptoceraten angetroffen. Er ist auch schon einmal beschrieben worden und zwar von Geise (83) für Notonecta. Geise ist aber dabei in den Fehler verfallen, den ganzen eigenartigen Bewegungsmechanismus anstatt den Mandibeln den Maxillen zuzuschreiben, von denen er meint, dass sie sehr weit vorgestossen werden müssten. Letzteres ist auch vom physiologischen Standpunkte nicht ganz zutreffend, indem bekanntlich beim Stechen der Wanze zuerst und mit grosser Energie die mandibularen Stechborsten hervorgeschnellt werden, um die zum Saugen nothwendige Verwundung des Beutethieres herbeizuführen.[1])

Abgesehen von den Protractoren sind die Mandibel- und Maxillentaschen auch mit Retractoren versehen. Letztere gehen ebenfalls aus dem Mesoderm der betreffenden Kiefersegmente hervor. Die Mesodermelemente, welche zu den Rückziehmuskeln werden, stellen die unmittelbare Verlängerung des im Lumen der Mandibel- resp. Maxillenlade befindlichen Mesoderms dar. Die Insertionsstelle befindet sich anfangs lateral von den ge-

---

[1]) Der Irrthum Geise's wurde wohl zum Theil dadurch hervorgerufen, dass dieser Autor sich allzusehr auf das Studium von Schnittserien verlassen hat. Genügenden Einblick in die etwas verwickelten topographischen Verhältnisse des Rhynchotenkopfes kann man aber am besten durch die allerdings mühsame Präparation mittelst Pincette und Nadel gewinnen. Ich bemerke der Vollständigkeit wegen, dass ich an der Maxillartasche von Naucoris einen Chitinbalken angetroffen habe, der von der hinteren seitlichen Kopfwandung ausgeht und den Grund der Tasche umgreift. Dieser Chitinbalken dient indessen keineswegs zur Anheftung des Protractor, sondern hat offenbar nur den Zweck, eine laterale Verschiebung der Kiefertasche innerhalb des Kopfes unmöglich zu machen. Ob eine solche Sicherung auch bei Notonecta vorkommt, vermag ich nicht bestimmt zu sagen, bei Nepa ist jedenfalls eine ähnliche Einrichtung vorhanden.

nannten Kiefertheilen an der Hypodermis. Wenn die letztere später zur Bildung der Kopfkapsel nach hinten und dorsal ausgewachsen ist, so befindet sich die Insertionsstelle der Retractoren an der hinteren Kopfwandung. Das entgegengesetzte Ende der genannten Muskeln steht direct mit dem Grundtheile der entsprechenden Kiefertasche in Zusammenhang (Fig. 7 Retrmd und Retrmx). Bei den Mandibeln von Naucoris habe ich zwei Rückziehmuskeln nachweisen können, indem ausser dem grossen Retractor noch ein sehr viel kleinerer vorhanden ist, der sich mittelst einer langen dünnen Chitinsehne an den Grund der Mandibeltasche anheftet.

Hinsichtlich der Bildung der eigentlichen Schädelkapsel ist zu erwähnen, dass sich die Wandungen der letzteren hauptsächlich auf den Clypeus und die primären Kopflappen, sowie auf das Antennensegment des Keimstreifens zurückführen lassen.

Die Tergite der Kiefersegmente betheiligen sich dagegen nur in geringem Maasse an dem Aufbau des Kopfes, sie liefern die hinteren seitlichen Partien desselben, an denen die Retractoren der Kiefertaschen inseriren.

Aus den Kopflappen geht der Hauptbestandtheil der oberen Schädeldecke hervor, besonders die Stirn und ferner die umfangreichen Facettenaugen. Trotz des übereinstimmenden Ursprungs dieser Theile setzt sich aber das die Augen enthaltende Feld durch eine deutliche Nahtlinie gegen die Stirn ab (Fig. 34). Es ist dies ein Beweis dafür, dass durch die Nahtlinien nicht immer die Grenzen primärer Körperabschnitte markirt werden, sondern dass die Nähte oft nur die Bedeutung secundärer Stützleisten oder Insertionslinien von Muskeln besitzen.

Die Theile des Antennensegmentes, welche von vorn herein mit dem Kopflappen bezw. der Stirn in Zusammenhang stehen, liefern abgesehen von den Antennen selbst noch die seitlichen vorderen Partien des Schädeldaches. Diese Theile pflegen bei den Hemipteren als Iuga bezeichnet zu werden. Bei Naucoris und Notonecta sind letztere mit dem Clypeus verwachsen und überwölben die Laminae maxillares.

Bei Nepa sind die Iuga deutlich ausgebildet und zwar treten sie in Form von zwei halbkugligen Vorsprüngen auf. Es werden von ihnen die hinteren der vier rundlichen Ausbauchungen gebildet, die bei Betrachtung eines Nepakopfes sogleich auffallen (Fig. 34 Iu).

Die vorderen Ausbauchungen entsprechen den oben beschriebenen Processus maxillares.

3. Die Bildung des Thorax.

Die Anlage des Brustabschnittes und die sich hieran anschliessenden ersten Entwicklungsphasen sind bereits in einem vorhergehenden Abschnitt besprochen worden, und es wurde bereits auf die drei Paar von auffallend grossen Tergitanlagen hingewiesen.

Die letzteren sind in etwas späteren Stadien nicht mehr so deutlich zu unterscheiden. Sie werden dann nämlich zum Theil von den breiten Basaltheilen der Beine überdeckt. Dies Verhalten ändert sich, sobald die Thoraxextremitäten die oben beschriebene Drehung von der lateralen nach der medialen Seite ausführen. Ist dies geschehen, so treten die Tergitenanlagen wieder deutlich hervor, liegen dann aber nicht wie früher vor, sondern lateral von der Ansatzstelle der Beine (Fig. 1).

In diesen Stadien sind bereits Stigmen zu bemerken, die am vorderen Rande des Meso- und Metathorax zwischen Extremität und Tergitanlage aufgetreten sind.

Auf die Gliederung der Beine ist bereits früher hingewiesen worden. Später gliedert sich am proximalen Ende des Femur und der Coxa abermals ein weiteres Stück ab. Das erstere ist der bekannte Schenkelring. Trochanter, das zwischen Rumpf und Coxa befindliche Stück bezeichne ich als Subcoxa (Fig. 15 Subx).

Ueber die Bildung der Bauchplatten in den Thoraxsegmenten ist nicht viel zu berichten, indem die ganze median zwischen den Beinen gelegene Fläche die entsprechenden Sternite liefert. Einiges Interesse bietet jedoch noch die weitere Entwicklung der Tergitenanlagen. Dieselben sondern sich nämlich noch vor der Umrollung des Keimstreifens in zwei Abschnitte. Der eine Theil (Fig. 15 Tergw) ist schmal und bleibt unmittelbar neben der Ansatzstelle des Beines zurück, während der andere Theil (Fig. 15 Terg), welcher sich stark ausdehnt, den Dotter umwächst, mit der gegenüberliegenden Tergitanlage in der dorsalen Medianlinie sich vereinigt und mit dieser zusammen dann die eigentliche Rückenplatte (Tergit) im engeren Sinne bildet.

Der schmale, lateral von der Ansatzstelle der Extremität zurück-
gebliebene Theil der Tergitenanlage liefert den ventralwärts umgebogenen
Seitenrand der Rückenplatten. Dieser Rand betheiligt sich demnach bei
der Larve an der Herstellung der Ventralfläche des Körpers, er entspricht
bestimmten Chitinstücken, die auch im Abdomen auftreten und welche ich
Paratergite nennen will. Es ist hervorzuheben, dass im Thorax Tergite
und Paratergite nicht abgegliedert sind, sondern dass eine Grenze zwischen
ihnen lediglich durch den scharfen Seitenrand des Körpers hergestellt wird.

Die im Thorax zur Entwicklung gekommenen Stigmenpaare erleiden
in der Folge eine Verschiebung. Das dem Mesothorax angehörende Paar
nimmt nämlich eine intersegmentale Lage zwischen Meso- und Prothorax
ein und gelangt schliesslich noch während der Embryonalzeit vollkommen
in den hinteren Abschnitt des letzteren. In ähnlicher Weise tritt das dem
Metathorax zuzurechnende Paar in den Mesothorax hinüber. Gewissermaassen
als Ersatz dafür schliesst sich das erste abdominale Stigmenpaar dem Hinterrande des Mesothorax an. Die Thoraxsegmente sind durch diese Vorgänge
in den Besitz von Stigmen gelangt, die ihnen ursprünglich nicht angehören.
Natürlich erfolgt bei diesen Wachsthumsprocessen nicht nur eine Verschiebung der eigentlichen Stigmen selbst, sondern mit diesen tritt gleichzeitig auch die das Stigma unmittelbar umgebende Hypodermispartie hinüber.
Die letztere bezeichne ich als Stigmenträger oder als Pleurit.

Es liegt nicht in meiner Absicht, die Ausbildung der einzelnen Chitinstücke und ihre Formen bis ins Detail hinein zu beschreiben, ebensowenig
kann hier auf die weitere Ausbildung der Extremitäten eingegangen werden.
Nur in den wichtigsten Grundzügen mag noch die spätere Gestaltung des
Thorax bei den zur Untersuchung verwendeten Insekten eine Berücksichtigung finden.

An den Larven von Naucoris (Fig. II) bemerkt man bei einer Ansicht
von der Ventralseite, dass im Metathorax sich die Coxalglieder der Beine
an das Hinterende einer keulenähnlich geformten Chitinplatte anheften. Dieselbe (Subx III) befindet sich zwischen dem Metasternum und dem umgebogenen Rand des Rückenschildes (Paratergit), während sie sich vorn an
den Hinterrand der Mesothorax anschliesst. Diese Platte entspricht zwar
nicht vollkommen, aber doch zum Theil der embryonalen Subcoxa des

Beines, welche also nicht, wie man ihrer Genese nach eigentlich hätte erwarten sollen, zu einem bleibenden Glied der Extremität geworden ist. Die Subcoxa hat vielmehr bei der Bildung der ventralen Rumpfwand Verwendung

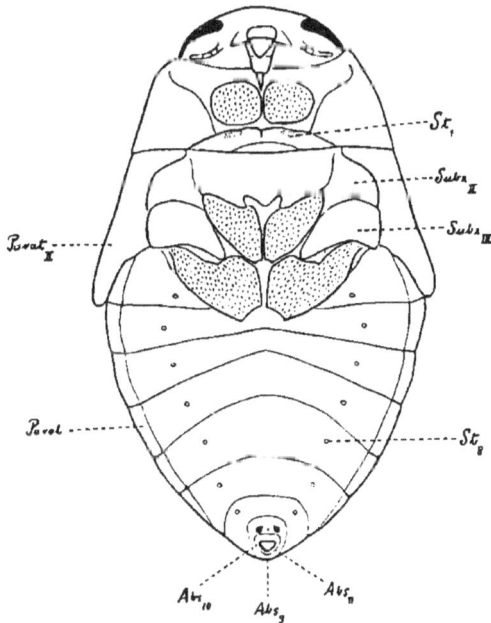

Fig. II. Männliche Larve von Naucoris cimicoides, von der Ventralseite betrachtet.
Die 6 Thoraxbeine sind amputirt, die noch stehen gebliebenen coxalen Stümpfe derselben der Deutlichkeit wegen punktirt worden. Die Umrisse der drei vordersten Stigmenpaare, welche etwas verborgen liegen, sind nur durch Punkte angegeben. Die 3 dunklen Flecke im Bereiche des 9. Abdominalsternites markiren die Anlagen der Genitalanhänge.
Abs = Abdominalsegment, Parat Paratergit. St$_1$ = erstes Stigma. St$_s$ = achtes Stigma, Subx = Lamina subcoxalis.

gefunden, indem sie an der Herstellung einer Chitinplatte Antheil nahm, die ich dementsprechend Subcoxalplatte nennen will.

Im Mesothorax, wo das embryonale Subcoxalglied ebenfalls in die

48

Rumpfwand einschmilzt, liegen die Verhältnisse ganz ähnlich. Die Subcoxalplatte (Subx II) ist hier aber bedeutend kleiner, weil der mediale Abschnitt derselben mit dem Mesosternum verwachsen ist, während der laterale Theil frei bleibt und wie im Metathorax als distinktes Sceletstück deutlich erkennbar ist. Im Prothorax endlich hat die Vereinigung zwischen dem Subcoxalgliede und der Sternalpartie noch weitere Fortschritte gemacht. Selbstständige Subcoxalplatten fehlen in Folge dessen, nur die lateral und vor der Hüfte gelegene Partie des Prosternum lässt sich auf dieselbe beziehen.

Bei der Imago von Naucoris ist das Verhalten noch ein ganz ähnliches, jedoch hat sich im Metathorax die laterale Partie der Subcoxalplatte in Form einer schuppenförmigen Duplicatur nach hinten verlängert, und bedeckt theilweise das Hüftglied.

Am Hinterrande des Prothorax findet man (besonders deutlich bei der Larve) zwei annähernd elliptische Chitinstücke, in denen sich die Stigmen (St₁) befinden. Die betreffenden Theile sind genetisch als die Pleurite des Mesothorax aufzufassen. Im Meso- und Metathorax haben die Stigmen eine etwas verborgene Lage, vor bezw. hinter den Hinterhüften.

Die lateralen Theile der Tergite (Paratergite) verlängern sich in den beiden zuletzt erwähnten Segmenten bei älteren Larven und werden, indem sie nach hinten auswachsen, zu den Flügeln der Imagines.

Bei den jungen vor kurzem ausgeschlüpften Larven von Notonecta ist die Zusammensetzung des Thorax eine sehr ähnliche wie bei Naucoris, abgesehen natürlich von der etwas abweichenden Form der einzelnen Sceletstücke.

Die Rückenschilder besitzen einen ventralwärts umgeschlagenen Seitenrand, der mit Haaren besetzt ist. Vor den sehr starken Hüften der Hinterbeine liegen die Subcoxalplatten, medialwärts in eine zipfelförmige Spitze auslaufend. Im Mesothorax ist der mediale Theil der Subcoxalplatte mit dem Mesosternum vereinigt, der laterale läuft ebenfalls hinten in ein Zipfelchen aus. Dem lateralen und hinteren Rande der genannten Platte genähert, ist das Stigmenpaar angebracht.

Im Prothorax sind die Seitentheile des Tergites nicht so weit ventralwärts umgeschlagen, sie reichen bei älteren Larven nur bis zum Körperrande selbst hin. Lateral von den Vorderhüften befinden sich die nur undeutlich abgesetzten, etwas erhabenen und ebenfalls zipfelförmig ausgehenden Subcoxalstücke. Dem Hinterende des Prothorax genähert zeigt sich endlich das vorderste Stigmenpaar in der Region der dort eingeschmolzenen (mesothoracalen) Pleurite.

Während der larvalen Entwicklungsperiode findet hauptsächlich eine Vergrösserung und weitere Entfaltung der Subcoxalplatten statt. Dieselben

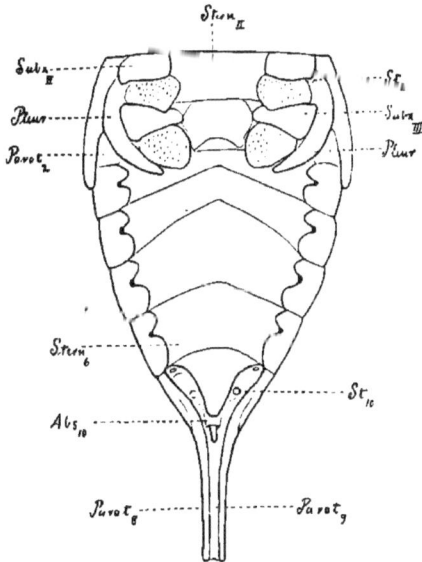

Fig. III. Abdomen und die beiden hinteren Thoraxsegmente einer Larve von Nepa cinerea. Abs = Abdominalsegment, Parat = Paratergit, Pleur = Pleurit, St = Stigma, Stern = Sternit, Subx = Lamina subcoxalis.

werden zu schuppenförmigen Gebilden, die mit langen schwarzen Haaren besetzt sind. Diejenigen des Metathorax sind besonders stark entwickelt und überdecken bei der Imago die Basis der Hinterbeine.

Die Gattung Nepa nimmt in mancher Hinsicht eine etwas isolirte Stellung ein. An den drei Thoraxsegmenten sind bei der Larve die Seitentheile der Rückenschilder überhaupt nicht ventralwärts umgeklappt, sondern überragen lateral nur ein wenig den Körperrand. Vor den Coxen der beiden hinteren Beinpaare liegen die Subcoxalstücke (Fig. III Subx), sich an der Bildung der ventralen Körperwand betheiligend. Im Prothorax weisen die nicht mehr deutlich abgegrenzten Subcoxalparticen der nach vorn gewendeten Stellung der Raubbeine wegen die umgekehrte Lagerung auf, d. h. sie liegen hier hinter den Vorderhüften.

Am Hinterrande des Prothorax ist das vorderste Stigmenpaar anzutreffen. Die folgenden befinden sich in der weichen Verbindungshaut an der Seite des Mesothorax. Vor den letzteren Stigmen erhebt sich ein zipfelförmiger Fortsatz mit frei nach hinten gewendeter Spitze. Dieser Fortsatz (Fig. III Pleur) entspricht den metathorakalen Pleuriten, deren Verschiebung an die bezeichnete Stelle hin während der Embryonalentwicklung sich verfolgen lässt.

Die in Rede stehenden zipfelförmigen Pleurite sind bei der jungen Larve sehr klein und lassen sich erst bei genauerer Untersuchung unter dem freien Rande der Rückenplatte auffinden. Schon bei den nächstfolgenden Häutungen werden sie aber zu langen sichelförmig gekrümmten Gebilden, deren Spitzen sogar die Hinterbeine von der lateralen Seite her umgreifen. Diese sichelförmigen Pleurite sind eine charakteristische Eigenthümlichkeit älterer Nepalarven. Bei den Imagines sind sie zwar noch vorhanden, aber bei weitem nicht mehr so auffällig; sie liegen noch lateral von den Coxen der Mittelbeine und gehen hinten in eine kleine dreieckige Spitze aus.

4. Die Bildung des Abdomens.

Bezüglich der Bildung des Abdomens ist bereits oben darauf hingewiesen worden, dass sich beim Keimstreifen 11 deutliche Segmente anlegen, während ein selbständiges Telson fehlt. Noch beim Keimstreifen treten in den ersten acht Abdominalsegmenten Stigmen auf. Nach der Umrollung geht dann die Bildung der Rücken- und Bauchplatten vor sich.

Jedes Sternit entwickelt sich aus drei Theilen, und zwar zeigt sich diese primäre Zusammensetzung dann besonders deutlich, wenn beim Embryo die Concentration der Bauchganglienkette vor sich geht. Die Verkürzung des Bauchmarkes ist bei den Rhynchoten bekanntlich eine besonders weitgehende und führt schon während des Embyronallebens zu einer vollständigen Entblössung des Hinterleibes von Bauchganglien.

Sobald die Zusammenziehung erfolgt, bemerkt man, dass die medianen Partien des 1.—10. Abdominalsegmentes, in denen die Ganglienanlagen sich befinden, stark sich emporwölben und damit deutlich von den vertieft erscheinenden lateralen Theilen der Segmente sich abheben. In diesem Stadium besteht dann jedes Sternit aus drei Hypodermisplatten, einer erhabenen medianen, welche die Ganglienanlage enthält (Medianfeld) und zwei lateralen, die von der ersteren zum Tergit reichen (Lateralfelder).

Die geschilderte Entstehungsweise der Bauchplatten entspricht ganz der von mir dargelegten primären Zusammensetzung der Sternite bei Orthopteren (95). Während nun aber bei diesen Insecten sehr häufig (Blattiden) die laterale Hälfte jeder Bauchplatte fast vollkommen von der Gliedmaassenanlage gebildet wird, so betheiligen sich letztere bei den Hemipteren nur in äusserst geringem Maasse an der Herstellung der Seitentheile der Bauchplatten. Nur die unmittelbar an das Stigma angrenzende Partie kann auf Gliedmaassenreste zurückgeführt werden.

Die Entwicklung der Tergite vollzieht sich in bekannter Weise indem die beiderseitigen Anlagen den Dotter umwachsen und sich dorsal vereinigen. Ein typisches abdominales Tergit besteht alsdann gerade wie ein thorakales aus einer dorsal gelegenen Partie und aus zwei kleinen lateralen Abschnitten, welche ventralwärts umgeklappt sind und sich grösstentheils auf die eben erwähnten Tergitwülste zurückführen lassen. Auf diese Weise kommt auch im Abdomen ein scharfer Körperrand zu Stande. Am 1. Abdominalsegment ist jedoch das Tergit eine einfache schmale Spange, an welcher ventralwärts umgebogene Seitenstücke vermisst werden.

Nach diesen allgemeinen Vorbemerkungen wende ich mich zu einer speciellen Betrachtung der einzelnen von mir untersuchten Formen.

a) Naucoris.

Die Bestandtheile des 11. Abdominalsegmentes verschmelzen schon beim Embryo zur Bildung eines kegelförmigen Zapfens, der die Bezeichnung Analkonus führen mag. Tergit und Sternit des 10. Abdominalsegmentes werden zu einem Ring, der den Analkonus umgreift.

An der Fig. 4, welche das Hinterende eines männlichen Embryo von Naucoris wiedergiebt, schimmern durch das Sternit des 10. Abdominalsegmentes zwei laterale dunkle Flecken (Amp) hindurch. Letztere werden hervorgerufen durch die ampullenartig verdickten Enden der Vasa deferentia, welche sich an dieser Stelle an die Hypodermis anheften.

Der Analkonus ist vom 10. Abdominalringe durch eine an der Abbildung als dunkele Zone angegebene Intersegmentalhaut getrennt. Bei genauerer Untersuchung ergiebt sich, dass der Analkonus aus zwei koncentrischen eng mit einander verbundenen Ringen zusammengesetzt ist. Der äussere Ring ist ventralwärts stärker entwickelt, der innere, welcher möglicherweise die Andeutung eines Analsegmentes darstellt, bildet die eigentliche Umwallung der Afterspalte (A). Die Grenze zwischen den beiden Ringen ist in der Figur stärker angegeben, als es der Wirklichkeit entspricht.

Bei der Larve (Fig. II) zeigt sich zwischen den schmalen ventralwärts umgeklappten Seitentheilen der Rückenplatten und den Sterniten keine Nahtlinie. Erstere unterscheiden sich von letzteren aber dadurch, dass ihnen der dichte Haarbesatz mangelt, ein Verhalten, welches auch noch für die Imago zutreffend ist. In Fig. II sind die Grenzen zwischen den Seitentheilen der Rückenplatten und den Sterniten schematisch durch Linien angegeben worden. Die abdominalen Stigmenpaare (2.—8.) liegen bei der Larve im Bereich der Sternite. Besondere Pleurenplatten sind demnach im Abdomen nicht zur Entwickelung gekommen.

Bei den Imagines von Naucoris zeigt sich die auffallende Erscheinung, dass im 3.—8. Abdominalsegmente die Bauchplatten sich je in einen mittleren und zwei laterale Theile gegliedert haben. Der erstere Theil mag als Sternit s. str. bezeichnet werden. Die seitlichen Theile wurden von Verhoeff (93) als „untere Pleuren" gedeutet, da sie indessen (bei Naucoris nicht einmal sehr scharf) abgetrennte Seitenstücke der Sternite sind, so wende ich für sie den Namen Parasternite an. Die Stigmen, welche schon früher dem lateralen Rande der Bauchplatten genähert waren, finden sich in den bezeichneten Abdominalsegmenten jetzt in den Parasterniten vor.

Das 7. Sternit überdeckt im weiblichen Geschlecht, welches ich zuerst besprechen will, grösstentheils die an der 8. und 9. Bauchplatte zur

Entwicklung gekommenen Geschlechtsanhänge (Gonapophysen). Während
bis zum 7. Segmente die Parasternite von dem eigentlichen Sternit nur
durch eine feine schmale Linie abgegrenzt sind, so trennen sich im 8. Abdominalsegment die stigmentragenden Parasternite (Fig. 9 Parast,) vollkommen
von dem aus zwei Hälften bestehenden Sternum ab und betheiligen sich
an der Bildung der beiden flossenförmigen zur Seite des Hinterleibsendes
befindlichen und nach hinten gewendeten Fortsätze.

Die Rückenfläche dieser flossenförmigen Fortsätze wird von den
Seitentheilen des 8. Tergites gebildet. Da dieselben von dem mittleren
Theile des 8. Tergites durch eine Nahtfurche, welche in Fig. 9 durchschimmert,
sich absetzen, so kann man sie entsprechend als Paratergite (obere Pleuren
nach Verhoeff) bezeichnen.

Das 9. Sternit besteht aus zwei schmalen Plättchen, die mit dem von
den vorderen Gonapophysenpaaren gebildeten Legestachel in Verbindung
stehen. Das 9. Tergit setzt sich aus zwei flügelförmigen Stücken zusammen,
deren verschmälerte Theile in der dorsalen Medianlinie an einander stossen.

Die Bestandtheile des 10. Abdominalsegmentes sind nicht mehr als
solche zu erkennen. An dem Analkonus fällt einmal die bedeutendere Grösse
im Vergleich zu den larvalen Stadien auf und zweitens zeigt sich an seinem
distalen Ende dorsalwärts eine lancettförmige Verlängerung, welche man
auf ein 11. Tergit beziehen kann. Diese Verlängerung überragt die ab-
gerundete ventrale Platte (11. Sternit).

Im männlichen Geschlechte liegen die Verhältnisse im allgemeinen
ähnlich wie im weiblichen. Am 5. und namentlich am 6. Tergit ist eine
Theilung in einen mittleren und zwei seitliche Stücke erfolgt. Die flossenförmigen Seitentheile des 8. Tergites besitzen die entsprechende Gestalt wie
beim Weibchen, ich fand sie aber beim Männchen nicht so deutlich abgesetzt. Das 8. Sternum bleibt im männlichen Geschlecht ungetheilt.

Das 9. Segment ist stark chitinisirt und hat dadurch eine eigenthümliche Form gewonnen, dass sich seine ventrale Partie sehr stark verlängert hat und das Ende des kielförmig auslaufenden Abdomens bildet.
Der Dorsalfläche des 9. Segmentes sitzt der kleine Analkonus auf, an dem
eine so starke Entwicklung des 11. Tergums, wie sie beim Weibchen hervortritt, vermisst wird. —

Meine Ergebnisse weichen von den von Verhoeff (93) für das Abdomen der
weiblichen Imago von Naucoris gemachten Angaben hauptsächlich in zwei
Punkten ab. Dem genannten Autor zufolge soll zunächst der Analkonus
aus dem 10. Tergit und Sternit zusammengesetzt sein, eine Auffassung, die
indessen deswegen unhaltbar wird, weil sich bei der Larve das 10. Abdominalsegment noch deutlich in Form eines den Analkonus umgebenden Ringes
zeigt (Fig. 11 u. 22). Erst bei der Umwandlung zur Imago wird das betreffende Segment rückgebildet.

Ferner beschreibt Verhoeff zwei eigenartige Fortsätze: „Ausserhalb
der 9. und 10. Dorsalplatte lagert jederseits ein sehr reich beborsteter, im
Innern von Tracheen durchzogener Kegel, welcher sich an seiner inneren
Basis an die 9. Dorsalplatte anlegt. Diesem Konus ... lege ich die Bezeichnung Pseudostylus bei.“ Hinsichtlich der morphologischen Natur desselben giebt Verhoeff an, dass der „Pseudostylus“ den „Pleuren“ (also
Paratergiten oder Parasterniten) des 9. Abdominalsegmentes entspreche.
Letztere Auffassung dürfte wohl dadurch entstanden sein, dass der erwähnte
Autor sich nur auf die Untersuchung des weiblichen Geschlechtes beschränkt
hat. Bei Berücksichtigung auch des anderen Geschlechtes ergiebt sich aber
sogleich, dass beim Männchen die entsprechenden kegelförmigen Anhänge
nicht vorkommen, und dass die Pseudostyli somit Gebilde darstellen, die
speciell dem Weibchen eigenthümlich sind. Ueber ihre wahre Bedeutung
liefern ebenfalls entwicklungsgeschichtliche Untersuchungen Aufschluss. Es
zeigt sich nämlich, dass die „Pseudostyli“ aus Hypodermiswucherungen der
9. Bauchplatte hervorgehen. Entsprechende Wucherungen in demselben und
in dem vorhergehenden Sternit gestalten sich zu den Gonapophysen um,
und es kann daher keinem Zweifel unterliegen, dass die angeblichen Pseudostyli oder Pleuren der weiblichen Imago nichts anderes als das laterale
Paar der hinteren (am 9. Segment entstehenden) Gonapophysen sind. In
Fig. 22 sind die zu den Genitalanhängen das Weibchens werdenden larvalen
Hypodermisverdickungen dargestellt worden. Mit den vier medianen Anlagen,
welche die spätere Legeröhre zu liefern haben, stimmen die beiden lateralen
hinteren Hypodermiserhebungen vollkommen in ihrem Aussehen überein.[1]

---

[1] Im Interesse etwaiger Nachuntersuchungen sei bemerkt, dass jugendliche Individuen
am besten geeignet sind, um constatiren zu können, dass die erwähnten sechs Anlagen that-

Die betreffenden lateralen Geschlechtsanhänge des 9. Segmentes haben allerdings nichts mit der Bildung der eigentlichen Legeröhre zu thun, sondern scheinen mehr die Bedeutung von Tastorganen zu besitzen. Solche sind vermuthlich für die Weibchen von Naucoris um so wichtiger, als dieselben ihre Eier in das Parenchym von Wasserpflanzen zu versenken pflegen.

Es sind also bei Naucoris im weiblichen Geschlechte nicht zwei, sondern wie bei zahlreichen anderen Insecten drei Gonapophysenpaare vorhanden, von denen das laterale hintere Paar mit Sinneshaaren besetzt ist, während die anderen beiden Paare stark chitinisirt sind und den Legestachel bilden.

b) Notonecta.

Das Abdomen ist bei den Embryonen und Larven in ganz entsprechender Weise wie bei Naucoris gegliedert. Die Abdominalstigmen (2.—8.) sind bei der Larve ebenfalls in den Lateraltheilen der Sternite anzutreffen. Die Seitentheile der Tergite sind ventralwärts umgeschlagen, und ihr medialer Rand ist daselbst mit langen schwarzen Grannen versehen. Im Gegensatz zu Naucoris tritt daher die Grenze zwischen den umgeklappten Seitenstücken der Tergite und den Sterniten ausserordentlich scharf hervor.

Das hinterste Ende des spitz auslaufenden Abdomens wird von dem 9. Tergite gebildet. Umgeben von dem 9. zeigt sich das schmale ringförmige 10. Segment. Innerhalb des letzteren befindet sich durch eine weiche Intersegmentalhaut getrennt der Analkonus, an dessen distalem Ende die dorsale Verlängerung kürzer als die ventrale bleibt.

Bei den Imagines trennen sich im 3.—7. Abdominalsegment durch Absetzung der stigmentragenden Seitentheile der Sternite gegen den medialen Theil der Bauchplatten wieder besondere Parasternite ab. Dieselben sind mit den umgeklappten Seitentheilen der Tergite (Paratergite) zwar verwachsen, doch markirt sich, abgesehen von der verschiedenartigen Färbung, die Grenze auch noch durch den schon bei der Larve erwähnten Haarbesatz.

---

sächlich das Bildungsmaterial für die Gonapophysen enthalten. Untersucht man dagegen Larven, welche kurz vor der Umwandlung zur Imago stehen, so sind unter der Larvenhaut bereits die Körpertheile der Imago (Legeröhre etc.) erkennbar, letztere decken sich dann aber nicht mehr mit den larvalen Anlagen. Selbstverständlich hat dies nicht allein für Naucoris, sondern auch für andere Formen Gültigkeit.

Vom 8. Abdominalsternit haben sich ebenfalls die stigmentragenden Lateraltheile abgegliedert. Sie verschmelzen indessen im weiblichen Geschlecht mit den Paratergiten, während im männlichen das 8. Stigmenpaar in die weiche Bindehaut zwischen Rücken- und Bauchplatte gelangt.

Bezüglich der Tergite ist hervorzuheben, dass dorsalwärts ihre Seitentheile die Neigung zeigen, von dem mittleren Theile sich abzutrennen. Hierdurch bilden sich wieder Paratergite aus, die im 7. und 8. Segmente zur Entstehung von flossenförmigen Anhängen Veranlassung geben.

Im 9. Segment ist das Tergit beim Männchen zu einer schmalen, quer gelagerten Chitinspange geworden, beim Weibchen besteht es aus zwei, nur durch eine enge mediane Brücke verbundene Hälften. Das 10. Segment ist bei der Imago rückgebildet. Am Analkonus ist die dorsale Platte breiter als die ventrale.

Bezüglich der Gestaltung der weiblichen Genitalsegmente kann ich auf die eingehendere Beschreibung Verhoeff's (93) verweisen und bemerke nur, dass hinsichtlich der von ihm erwähnten Pseudostyli dasselbe gilt wie für Naucoris. Die von Verhoeff beschriebenen „Styloide" treten gleichfalls erst bei der Imago auf, sie sind als Fortsätze der 9. Ventralplatte zu betrachten, eine Homologie zwischen ihnen und den Styli niederer Insecten (Thysanuren) ist jedenfalls aber nicht vorhanden.

c) Nepa.

Schon bei den Embryonen von Nepa fällt die sehr starke Entwicklung der abdominalen Tergitwülste auf, die im 2.—9. Segmente gelegen sind (Fig. 5). Hiermit steht in Verbindung, dass nach der Umrollung die auf die Tergitwülste zurückzuführenden Seitentheile der Tergite sowohl im 8. wie im 9. Segmente sich in sehr beträchtlicher Weise nach hinten verlängern. Diese Seitentheile, welche man entsprechend wieder als 8. und 9. Paratergite bezeichnen kann, bilden, indem sie sich an das gleichfalls verlängerte 9. Tergit anlegen, einen eigenthümlichen schaufelförmigen Fortsatz. Letzterer gewinnt bereits während des Embryonallebens eine derartige Länge, dass er, wegen des beschränkten Raumes in der Eischale, gezwungen ist, sich dorsalwärts umzuklappen.

Ich übergehe eine eingehende Beschreibung der genannten Theile beim Embryo, deren Entwicklung von mir Schritt für Schritt verfolgt werden konnte, und wende mich zu einer Betrachtung des Abdomens bei der Larve, bei welcher die einschlägigen Verhältnisse sehr viel klarer und übersichtlicher erscheinen.

Die Abdominalschaufel ist bei der Larve gerade nach hinten ausgestreckt und zeigt sich deutlich aus den oben genannten Thellen zusammengesetzt. Ein medianer Streifen, der vorn breiter ist, hinten sich verschmälert, entspricht dem verlängerten hinteren Abschnitt des 9. Abdominaltergites. Durch zwei helle Nahtlinien davon getrennt erscheinen die zu seinen Seiten liegenden bandförmigen Paratergite desselben Segmentes. Am vorderen Ende dorsal vereinigen sich diese drei Stücke zur Bildung des 9. Tergites s. str. Die beiden ventralwärts umgebogenen Lateraltheile der Abdominalschaufel werden von den Paratergiten des 8. Abdominalsegmentes gebildet. Letztere sind durch helle Linien von den 9. Paratergiten abgesetzt und gehen vorn in ein deutlich differenzirtes bogenförmiges Tergit über. Die Paratergiten des 7. Abdominalsegmentes stellen den Uebergang der Abdominalschaufel zum Rumpftheil dar. Betrachtet man das larvale Abdomen von der Ventralseite, so zeigt sich, dass die Ränder der tief ausgehöhlten halbrohrförmigen Abdominalschaufel mit langen Haaren besetzt sind, welche dieselbe zu einem Rohre ergänzen, durch welches die Luft zu dem am Grunde befindlichen Stigmen (des 8. Segmentes) hingeleitet werden kann.

Das 10. Abdominalsegment stellt bei der Nepalarve nicht einen kurzen Ring dar, in dessen Höhlung der Analkonus eingefügt ist, sondern das cylindrische 10. Segment und der Analkonus folgen aufeinander und sind auch ungefähr gleich lang. Das 10. Segment ist zwar relativ schwach chitinisirt, aber mit Borsten besetzt und gliedert sich vorn und hinten deutlich ab (Fig. III).[1]

Die ventralwärts umgeklappten Seitentheile der Tergite (Tergitwülste) sind vom 2.—6. Abdominalsegment bei der Nepalarve gut entwickelt, medial enden sie mit breitem umgebogenen Rand, in dessen Mitte vom 3.— 6. Segment

---

[1] Abgesehen von der selbstverständlich schematischen Fig. III kann ich auf eine früher veröffentlichte Zeichnung (Morphol. Jahrbuch Bd. 24, Tafel 1. Fig. 3) hinweisen, welche gerade die betreffende Partie bei einer älteren weiblichen Nepalarve genau wiedergiebt.

je eine weite mit Haaren ausgekleidete Grube (Sinnesgrube) liegt. Lateral reichen sie bis zum Körperrand und gehen dort ohne Grenze in das zugehörige Tergit über.

Die Stigmen befinden sich dicht am lateralen Rande der Bauchplatten.

Bei der Umbildung der Larve zur Imago vollzieht sich sowohl eine Veränderung der Bauchplatten wie der Rückenplatten. Im 2.--6. Abdominalsegment setzen sich die stigmentragenden Lateraltheile der ersteren ab, so dass damit Parasternite entstehen. Mit Ausnahme des 6. Abdominalsegmentes reichen dieselben jetzt bis zum Körperrand, indem bei der Umbildung zur Imago die bisher ventralwärts umgeklappten Seitentheile der Tergite grösstentheils rückgebildet worden sind. Dorsal treten Paratergite auf, die sich deutlich gegen das Tergit abgrenzen, sie reichen aber im 2.—5. Abdominalsegment nur noch bis zum scharfen Körperrand hin.

Von besonderem Interesse sind die Umwandlungen am Hinterrande, welche zur Bildung der bekannten langen Athemröhre führen.

Untersucht man Larven, welche unmittelbar vor der Metamorphose zur Imago stehen, so zeigt sich, dass im Innern der oben beschriebenen Abdominalschaufel nur theilweise eine Neubildung der Chitinkutikula stattgefunden hat. Im mittleren Streifen der Schaufel, welcher sich auf das verlängerte 9. Tergit zurückführen liess, ist die Hypodermis verödet, und es hat sich daselbst die Chitinhaut nicht mehr ergänzen können, während letzteres in den lateralen Theilen der Abdominalschaufel, welche von den Paratergiten des 8. Segmentes gebildet werden, der Fall ist. In den Paratergiten des 9. Segmentes ist die Hypodermis gleichfalls grösstentheils zu Grunde gegangen, doch erhält sie sich im vordern Theile, und in einzelnen Fällen schien es mir, als ob sie sich in Form eines sehr schmalen Streifens längs des 8. Paratergites sogar bis zum hinteren Ende der Schaufel hin erstrecke.

Durch die Rückbildung der Hypodermis im medianen Theil ist die Schaufel somit in zwei laterale Hälften zerlegt, welche sich sobald das geschlechtsreife Insect aus der Larvenhaut ausschlüpft, zur Bildung der Athemröhre aneinander fügen. Das Athemrohr besteht somit im wesentlichen aus den Paratergiten des 8. Abdominalsegments. Der dorsale Nahtstreif in welchem die beiden Hälften der Athemröhre sich der Länge nach aneinander schliessen, ist möglicherweise auch auf die 9. Paratergiten zurückzuführen, jedenfalls verbreitern sich letztere vorn und betheiligen sich an der Bildung der breiten Basis der Athemröhre. Wenn von Verhoeff (93) angegeben ist, dass das Athemrohr von Nepa von den Paratergiten („Pleuren") des 8. Abdominalsegmentes gebildet werde, so ist also zu berücksichtigen, dass jedenfalls der Grundtheil derselben theilweise auch auf Bestandtheile des 9. Segmentes zurückgeführt werden muss.

Das 8. Tergit ist bei beiden Geschlechtern, vielleicht in Folge der Entwicklung des Athemrohres rückgebildet worden und verschwunden. Das 9. Tergit ist beim Weibchen noch in Form eines schmalen, quergelagerten Chitinstreifens nachzuweisen, welcher mit den zugehörigen Paratergiten (Athemrohr) nicht mehr im Zusammenhang steht. Beim Männchen ist das betreffende Tergit häufig geworden.

Die Bestandtheile des 10. und 11. Segmentes bleiben auch bei der Imago in ihrer ursprünglichen larvalen Form bei beiden Geschlechtern fast unverändert erhalten. Das schwach chitinisirte 10. Abdominalsternit unterscheidet sich besonders durch seine andersartige Behaarung von dem 11. Sternit (Fig. 36).

Das 10. Tergit der Imago ist zart und häutig geworden, es grenzt sich aber sowohl vorn deutlich ab, wie es auch hinten von dem im vorderen Theile mit einer hellen medianen Linie versehenen und stark chitinisirten 11. Tergit deutlich abgesetzt ist.

Bei Nepa sind somit noch bei der Imago die Bestandtheile der 11. Abdominalsegmente erkennbar. Von früheren Beobachtern sind das 10. Segment und 11. Segment (Analkonus) nicht von einander unterschieden, sondern als ein Segment (Endsegment) aufgefasst worden. Durch die Entwicklungsgeschichte der genannten Theile ist aber leicht der wahre Sachverhalt klar zu stellen.

II. Heteroptera Gymnocerata.

A. Untersuchungen an Cimex dissimilis Fab.

1. Die embryonalen Entwicklungsvorgänge.

Die jüngsten von mir untersuchten Stadien liessen bereits den Keimstreifen deutlich erkennen. Die Orientirung desselben im Ei befindet sich in einem gewissen Gegensatz zu der Lage des Keimstreifens, welche für die meisten niederenInsecten (Orthopteren, Odonaten etc.) als typisch anzusehen ist. Während im letztere Falle der Keimstreifen gewöhnlich an

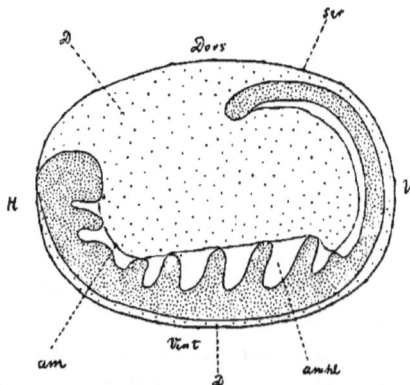

Fig. VI. Längsschnitt durch das Ei von Cimex dissimilis.
am = Amnion, amhl = Amnionhöhle, D = Dotter, Dors = Dorsalseite, H = Hinterende, ser = Serosa, V = Vorderende, Vent = Ventralseite.

der dorsalen Seite des Eies liegt und dorsal gekrümmt ist, befindet sich die Embryonalanlage von Cimex umgekehrt an der Ventralseite des Eies und besitzt eine konkave Bauchseite und eine konvexe Rückseite. Der Keimstreifen ist hierbei allseitig von Dottersubstanz umgeben und gehört demnach in die Gruppe der „immersen" Insectenkeimstreifen hinein. Hierbei ist allerdings zu berücksichtigen, dass nur eine sehr dünne Schicht von

Dottersubstanz die Rückenfläche der Embryonalanlage von der Ventralfläche des Eies resp. von der dieselbe bekleidenden Serosa trennt. Diese immerhin aussergewöhnliche Lage des Cimexkeimstreifens, welche ich in Fig. IV schematisch wiedergegeben habe, ist ohne Zweifel durch eine frühzeitige Inversion der gesammten Embryonalanlage herbeigeführt.

An dem Keimstreifen sind bereits die Gliedmaassenanlagen von Kopf und Thorax zu unterscheiden. Es zeigt sich, dass die Thoraxbeine und Antennen in ihrem Wachsthum etwas voraneilen, während die Maxillen und namentlich die Mandibeln im Vergleich hierzu ein wenig langsameres Tempo einschlagen. Einen Keimstreifen, der die erwähnten Anhänge bereits deutlich erkennen lässt, stellt Fig. 14 dar. Am Vorderende fallen die verhältnissmässig (im Vergleich zu Orthopteren und anderen Insecten) nicht grossen Kopflappen auf. Die Mundöffnung stellt eine flache Grube dar und befindet sich zwar grösstentheils im Bereiche des Antennensegmentes, doch reicht der vordere Mundrand noch über die Region dieses Segmentes nach vorn hinaus. Es ist dies bei Cimex noch eine Andeutung der primären postoralen Lagerung der Antennen, welche bei niederen Insecten deutlicher hervortritt.

Vor der Mundöffnung fallen zwei Höcker auf, in denen die paarige Anlage des Clypeus und der Oberlippe zu erblicken ist. In dem in Rede stehenden Stadium (Fig. 14) sind allerdings die beiden, namentlich vorn verdickten Höcker bereits durch eine schmale mediane Verbindungsbrücke mit einander in Zusammenhang getreten. In der hinter dem Munde folgenden Körperregion lassen sich die Verhältnisse leicht übersehen. Die Mandibeln und vorderen Maxillen sind nahezu von gleicher Grösse, die hinteren Maxillen bereits etwas länger. An dem 1. Abdominalsegment fallen zwei deutliche zapfenähnlich gestaltete Gliedmaassenanlagen auf, die aber im Gegensatz zu den Kopf- und Thoraxextremitäten nicht nach der lateralen Seite gewendet sind, sondern sich senkrecht über der Ventralfläche des Körpers erheben. Bei älteren Embryonen sinken sie unter Ausscheidung eines Secretes in das Innere des Körpers ein.

Das Abdomen lässt anfangs 9 deutliche Segmente erkennen, die von vorn nach hinten eine allmähliche Grössenabnahme aufweisen. Der an das 9. Segment sich anschliessende Abschnitt ist grösser als die vorhergehenden und besteht, wie die spätere Entwicklung lehrt, aus dem 10. und

11. Abdominalsegment. Die Afteröffnung liegt am hintersten Ende, befindet sich aber nicht in der gleichen Ebene wie der übrige Körper (der Keimstreifen in ausgebreitetem Zustande gedacht), sondern ist um einen Winkel von 90° verschoben), so dass der sich entwickelnde Enddarm parallel mit der Dorsalfläche des Abdomens nach vorn wächst.

Die folgenden Entwicklungsprocesse führen zu einer Verkürzung des Körpers in der Längsrichtung, welcher statt dessen an Breite gewinnt. Ein völlig verändertes Aussehen weist dann besonders die Anlage des Clypeus auf. Zum besserem Verständniss habe ich daher noch ein Zwischenstadium in Fig. 30 abgebildet. Man sieht, dass die beiden primären Bildungshöcker vollkommen mit einander verwachsen sind und zwar namentlich in Folge der Ausbreitung des an ihrem vorderen Ende befindlichen Bildungsmateriales. Der Clypeus stellt dann eine quergelagerte Platte dar, die sich über die Mundöffnung hinüberzuschieben beginnt.

In Fig. 3 ist dieser Process zum vorläufigen Abschluss gediehen. Die Mundöffnung ist bei Betrachtung von der Ventralseite nicht mehr zu erkennen. Sie wird begrenzt von zwei Vorsprüngen, den Resten der beiden primären Bildungshöcker des Clypeus. Dieser selbst geht jetzt vorn in eine Spitze aus und erhebt sich deutlich über das Niveau der angrenzenden Körperpartien. Am hinterem Rande der Kopflappen ist eine tiefe Einkerbung eingetreten, wodurch sich diese Theile scharf von der dahinter folgenden Region des Antennensegmentes abgrenzen. Die Seitenhälften des Antennensegmentes heben sich in Folge dessen sehr deutlich ab und treten wulstförmig neben der Mundöffnung hervor, sie mögen als laterale Stirnlappen bezeichnet werden. Unter den lateralen Stirnlappen befindet sich der Ursprung der Antennen, welche jetzt nicht mehr wie früher nach hinten, sondern mit ihrem distalen Ende nach vorn gewendet sind. Diese Lageveränderung hängt mit der Zusammenziehung des vorderen Körperendes zusammen, bei welcher die Antennen auf ihrer Unterlage ruhen blieben, natürlich aber dabei nach vorn umgedreht wurden.

Auch in der Kieferregion sind jetzt wichtige Umgestaltungen zu konstatiren. Während die beinähnlichen hinteren Maxillen in der Medianlinie näher aneinander treten, haben die vorderen Maxillen und Mandibeln die Gestalt von länglichen Zapfen gewonnen. An der lateralen Seite der maxillaren Zapfen zeigt sich ein Maxillarhöcker. Wie bei den Cryptoceraten ist es somit auch bei Cimex zu einer Spaltung der einheitlich angelegten vorderen Maxillen gekommen. Der laterale Maxillarhöcker, welcher noch den beträchtlichsten Theil des primären Gliedmaassenmesoderms umschliesst, kann im wesentlichen wieder als Ueberrest der primären Gliedmaassenanlage angesehen werden, während das mediale zapfenähnliche Stück die morphologische Bedeutung einer Maxillenlade besitzt.

Bei Fig. 3 war die rechte Mandibel abpräparirt worden, um die Gestalt des Maxillarhöckers besser zeigen zu können. Ferner ist daselbst rechts die hintere Maxille abgenommen, so dass die Oeffnung der Speicheldrüse (Splo) sichtbar wird. Endlich ist noch auf die wulstförmig erhabene Sternalregion der Kiefersegmente hinzuweisen, die zum Hypopharynx wird.

Von der Drüseneinstülpung, die sich am hinteren Rande der hinteren Maxillen befindet, wuchert wie bei den Cryptoceraten ein Säckchen ins Innere, welches sich alsbald in zwei Theile gabelt. Der eine Theil erweitert sich an seinem Ende blasenförmig und liefert den eigentlichen secernirenden, später sehr voluminösen Körper der Speicheldrüse nebst deren Ausführungsgang. Der andere Theil der Drüseneinstülpung wird zu einem blind endigenden, röhrenförmigen Gang, auf dessen Existenz bei Pyrrhocoris schon von P. Mayer (74) hingewiesen wurde.

Die folgenden Entwicklungsprocesse schliessen sich auch an die bei Cryptoceraten geschilderten Erscheinungen an. An den Abdominalsegmenten, abgesehen von dem ersten, kann man bei Cimex ebenfalls nicht von eigentlichen Gliedmaassen sprechen. Die Reste der letzteren sind nur in den medialen Rändern der verdickten Tergitwülste zu erblicken. Immerhin zeigen bei Cimex diese Gliedmaassenreste insofern noch eine etwas grössere Selbständigkeit, als sie in Form kleiner höckerförmiger Zipfel ausgebildet sind, die medianwärts überhängen. Dass es sich bei letzteren Gebilden thatsächlich um Gliedmaassenrudimente handelt, kann im Hinblick auf ihre Stellung nicht zweifelhaft sein. Wie bei den Cryptoceraten befinden sich nämlich die betreffenden Höcker immer medial von den Stigmen und entsprechen also in ihrer Lage ganz den Thoraxextremitäten. Der Umrollungsprocess durch welchen der Embryonalkörper aus dem Dotter heraus und an die ventrale Fläche des Eies gelangt, bietet nichts bemerkenswerthes.

Der Kopf eines Cimexembryo nach der Umrollung ist in Fig. 33 dargestellt. Die hinteren Maxillen haben sich zur Bildung des Labium vereinigt, das in zwei distale Spitzen ausläuft und eine mediane Rinne besitzt. An der Basis desselben zeigt sich in Form einer unpaaren Ektodermeinstülpung die Anlage für den Ejakulationsapparat der Speicheldrüsen.

Der Clypeus (Fig. 33 Cl.) hat sich hinten in einen schmalen lancettförmigen Fortsatz verlängert, in dem die Anlage der Oberlippe zu erblicken ist. Die Antennen haben bei der Umrollung ihre frühere Lage eingebüsst und sind jetzt mit ihren distalen Enden nach hinten gewendet. Die Gestalt der Mandibeln und vorderen Maxillen geht aus der Abbildung zur Genüge hervor.

Zu Fig. 20 habe ich endlich noch die hintere Körperpartie eines Cimexembryo nach der Umrollung dargestellt, die Gestalt der Abdominalsegmente ist bis zum 9. Segmente hin eine ziemlich übereinstimmende. Man erkennt die paarigen Tergitanlagen und die Sternite, die aus einem erhabenen, dem Ganglien enthaltenden Medianfelde und zwei vertieften Lateralfeldern bestehen. Im 10. Abdominalsegmente ist die Sternitanlage nur schwer nachzuweisen, weil sie verhältnissmässig tief liegt und von den Bestandtheilen des 11. Segmentes überdeckt wird. Letztere setzen sich hauptsächlich aus zwei zur Seite der Afteröffnung befindlichen Zapfen zusammen, die an die Cerci anderer Insectenembryonen etwas erinnern und nach hinten gewendet sind. Im weiteren Entwickelungsverlauf werden diese Zapfen immer undeutlicher, sie umgreifen den After, fügen sich aneinander und werden schliesslich zur Bildung des 11. Tergums und Sternums aufgebraucht.

2. Die Bildung des Kopfes und der Mundwerkzeuge.

Wie dies bereits für Cryptoceraten beschrieben wurde, ziehen sich auch bei Cimex noch während des Embryonallebens die zapfenförmigen Mandibeln und Maxillenladen in taschenartige Höhlungen zurück. Sie verschwinden hierbei unter den lateralen Stirnlappen, bleiben aber nicht etwa unterhalb derselben liegen, sondern gelangen durch weiteres Einwachsen bis in den Hinterkopf hinein.

Es fragt sich nun, was aus den beiden Maxillarhöckern wird, in denen, wie schon oben dargelegt wurde, der Hauptbestandtheil der primären

Maxillenanlagen zu erblicken ist. Da die Kiefertaschen unter den lateralen Stirnlappen in die Tiefe treten, so ist es leicht verständlich, dass die Maxillarhöcker ebenfalls an diese Stelle gelangen müssen. Es erfolgt hierauf eine Verwachsung zwischen Stirnlappen und Maxillarhöckern, und zwar in der Weise, dass die letzteren sich an die untere (ventrale) Wand der ersteren einfügen und mit dieser verschmelzen. Die Stirnlappen werden damit zu den als „Juga" bekannten lateralen vorderen Kopfpartien, die man bei Betrachtung des Wanzenkopfes von der Dorsalseite zur Seite des „Tylus" liegen sieht (Fig. 13 Ju). Der sog. Tylus (Cl) ist vollkommen homolog mit dem Clypeus anderer Insecten, auf seine Bildung ist bereits oben eingegangen worden.

Die Maxillarhöcker werden zu den als „Genae" bezeichneten Theilen, die sich an der Unterseite der Juga befinden. Indem der mediale Rand der Gena, welcher an die Basis des Labiums angrenzt, in Form einer Längsfalte sich emporhebt, wird die Veranlassung zur Entstehung der sog. Buccula oder Wanzenplatte gegeben, welche indessen gerade bei Cimex dissimilis keinen besonders hohen Grad der Ausbildung erkennen lässt.

Aus dem Gesagten geht hervor, dass die Genae von Cimex mit den am Kopfe der Cryptoceraten von mir Laminae maxillares genannten Theilen homolog sind, obwohl sie keine scharf umschriebenen Stücke darstellen, sondern hinten ohne Grenze in die Gula übergehen. Auch die „Bucculae" sind keine fremden Gebilde, sondern entsprechen den bei Cryptoceraten als Processus maxillares von mir beschriebenen Abschnitten. In Fig. 28 (Proex) sind diese Processus maxillares (Bucculae) abgebildet worden, allerdings nicht von Cimex, sondern von Syromastes marginatus, weil sie bei letzterer Form stärker entwickelt sind.

Der frühere Zusammenhang zwischen den Laminae maxillares (Genae) und den maxillaren Stechborsten giebt sich auch bei Gymnoceraten durch eine dauernde mesodermale Verbindung zu erkennen. Dieselbe gestaltet sich in die Protractormuskeln um, welche vorn an den Laminae entspringen und in fast gerader Richtung nach hinten zu verlaufen, wo sie sich an die erweiterte Basis der Stechborste resp. an die mit letzterer in Zusammenhang stehende Wand der Kiefertasche anheften (Fig. 13 Petrmx). Die maxillaren Stechborsten werden innerhalb der Kopfhöhle in ihrer Lage noch durch je eine kräftige Chitinspange von glasheller Färbung fixirt, die hinter dem Auge von der seitlichen Kopfwand ausgeht und die Kiefertaschen an der Stelle umgreift, an der die Basis der Stechborste sich befindet.

Aehnlich verhält es sich mit den mandibularen Stechborsten. Schon bei jungen Embryonen, noch vor der Umrollung, kann man sich davon überzeugen, dass das Mesoderm des Mandibelsegmentes nicht nur unterhalb resp. in der Gliedmaassenanlage vorhanden ist, sondern dass es sich bis in die lateralen Theile dieses Segmentes hinein erstreckt. Die betreffende laterale Partie des Mandibelsegmentes liegt unmittelbar vor dem Maxillarhöcker, wird aber nicht wie dieser zur Bildung der Lamina maxillaris verwendet, sondern verschmilzt bei dem Eintritt der Kiefertaschen in das Innere des Kopfes mit Abschnitten des Antennensegmentes. Mit letzterem zusammen formirt es dann die oben erwähnten Iuga. Es ist zu berücksichtigen, dass aber nur die vorderste Partie der Iuga von Bestandtheilen des Mandibularsegmentes aufgebaut wird. Diese Partie ist dadurch charakterisirt, dass an ihr die mandibularen Protractoren entspringen. Letztere haben keinen ganz geraden Verlauf, sondern konvergiren etwas nach der Medianseite und inseriren an einem besonderen Chitinhebel (Fig. 13 Chmd.), welcher mit der Mandibulartasche in Verbindung steht. In Folge der Kraftübertragung durch den Hebel kann dann eine sehr viel energischere Aktion der verhältnissmässig nicht starken mandibularen Protractoren erzielt werden.

Die Retractoren der Stechborsten gehen aus denjenigen Mesodermtheilen hervor, welche im Innern der Mandibeln resp. der Maxillenladen zurückgeblieben waren. Sie heften sich direkt, ohne Vermittelung einer Hebeleinrichtung, an die Kiefertaschen an und nehmen ihren Ursprung von der hinteren lateralen Fläche des Kopfes (Fig. 13 Retrmd).

Die Insertion der Retractoren findet nicht, wie man vielleicht erwarten könnte, an der Basis oder an dem hintersten blinden Ende der betreffenden Kiefertasche statt, sondern befindet sich weiter vorn an der Wandung der Kiefertasche und zwar bei den maxillaren Taschen dicht hinter der Insertion der Protractoren.

Es zeigt sich hierin eine sehr sinnreiche Einrichtung, die mit der periodischen Regeneration der Stechborsten in Zusammenhang steht.

Bei jungen kürzlich aus dem Ei geschlüpften Thieren oder auch bei älteren Larven, die kurz vor einer Häutung stehen, zeigt sich, dass die Stechborsten durch Muskelwirkung vorgestreckt und zurückgezogen werden können. Sie sind demnach functionsfähig, ob sie bei den jungen Thieren thatsächlich zum Nahrungserwerb bereits benutzt werden, lasse ich dahingestellt und halte es nicht einmal für sehr wahrscheinlich, da ich niemals das Saugen bei jungen Wanzen vor der ersten Häutung beobachtet habe, welche in diesem Stadium auch noch über einen reichlichen Dottervorrath im Innern verfügen.

Thatsache ist jedenfalls, dass selbst vor einer Häutung der Saugapparat noch actionsfähig ist, obwohl bereits die Neubildung von vier zum Ersatz dienenden Stechborsten im Gange ist. Zu diesem Zwecke hat sich der hinter der Insertion der Retractoren liegende Theil der Kiefertaschen stark nach hinten verlängert und umschliesst bereits die neue noch aus farblosem Chitin bestehende Stechborste (Fig. 13 Sc.).

Es liegt auf der Hand, dass eine solche, zur Neubildung der Chitingräten unumgänglich nothwendige Verlängerung der Kiefertaschen bei gleichzeitiger Functionsfähigkeit der alten Stechborsten nur dann möglich ist, wenn die Retractoren nicht am hintersten Ende der Kiefertaschen inseriren. Denn wäre dies der Fall, so würden die Muskeln nach Anlage der neuen Stechborsten nicht mehr das Zurückziehen der alten herbeiführen können. Eine entsprechende Einrichtung ist übrigens auch bei Cryptoceraten vorhanden.

Ueber die Zusammensetzung des auch bei Cimex viergliedrigen Labiums ist nichts besonderes zu bemerken.

Die Kopfkapsel verdankt wie bei Cryptoceraten ihren Ursprung zwar grösstentheils den embryonalen Kopflappen, doch geht bei Cimex die hintere dorsale Fläche des Kopfes nicht aus diesen, sondern aus einer Hautpartie hervor, welche beim Embryo in Gestalt einer selbständigen Verdickung hinter den Kopflappen und vor dem Pronotum auftritt. Diese Verdickung hat anfangs eine ellipsoide Gestalt, gewinnt aber später die Form eines Dreiecks mit nach vorn gerichteter Basis. Von der betreffenden Hypodermis wird ein eigenthümlicher Chitinapparat ausgeschieden, der zum Abheben des Deckels der Eischale dient. Wenn nach dem Ausschlüpfen der Larve aus dem Ei der Chitinapparat abgestreift worden ist, so gleicht sich an der erwähnten Stelle die Hypodermisverdickung aus, und das von letzterer ausgeschiedene Chitin wird gemeinsam mit dem von den Kopflappen producirten Chitin zur Bildung der oberen Schädeldecke verwendet. Eine Grenze zwischen den beiden heterogenen Theilen des Schädeldaches existirt nicht.

3. Die Bildung von Thorax und Abdomen.

Im Vergleich zu der complicirten Entstehungsweise des Kopfes geht die Bildung der hinteren Körperregionen in sehr viel einfacher und leicht verständlicher Weise von statten.

Die Thoraxbeine wachsen stark in die Länge und krümmen sich beim Embryo über dem Bauch derartig zusammen, dass immer die rechte Extremität die entsprechende linke von hinten her umgreift. Auf die Gliederung der Beine gehe ich hier nicht ein und bemerke nur, dass von der embryonalen Coxa ein kleines Subcoxalglied sich abgrenzt, welches indessen mit dem zugehörigen Sternum verwächst ohne dass es zur Entwicklung einer eigenen Subcoxalplatte kommt. Es ist stets der lateral von der Insertion des Beines gelegene Theil des Sternums, der sich auf das Subcoxalglied zurückführen lässt. Dieser Theil ist bei der jungen Larve noch deutlich erhaben, und von ihm entspringt die zur Bewegung der Hüfte dienende Muskulatur.

Die Stigmen erleiden im Thorax eine ganz entsprechende Verschiebung, wie sie oben für Cryptoceraten geschildert wurde.

Ist das junge Thier aus dem Ei ausgeschlüpft, so macht sich am Thorax und auch am Abdomen eine charakteristische Gestaltveränderung bemerkbar, zu welcher der Anfang übrigens schon während des Embryonallebens gemacht war. Es tritt nämlich in den Seitentheilen der Tergite eine scharfe Knickung ein, so dass die lateralen Partien derselben vollkommen an der Ventralseite verbleiben. Der Körper der Wanze gewinnt auf diese Weise die bekannte abgeflachte Gestalt mit scharfen Körperrändern.

Innerhalb des Abdomens betheiligen sich die Extremitätenwülste vom 2. Segmente anfangend an dem Aufbau der Sternite, sie thun dies aber nur in sehr geringfügigem Maasse, indem immer nur der unmittelbar medialwärts an das Stigma sich anschliessende Theil aus dem Gliedmaassenhöckerchen hervorgeht. Die Reste des unter die Oberfläche eingesunkenen 1. abdominalen Gliedmaassenpaares (Pleuropoden), welche nicht zur Bildung des sich vollkommen rückbildenden 1. Sternites verwendet werden, sind noch nach dem Ausschlüpfen bei jungen Larven nachweisbar.

In den Tergitanlagen des Abdomens werden noch beim Embryo die Stinkdrüsen angelegt. Im dritten und sechsten Abdominalsegment entsteht jederseits eine kleine und im vierten und fünften Segment jederseits eine grosse und weite schlitzförmige Hauteinstülpung die für die betreffenden Drüsen das Material liefert. Da die Einstülpungen hart am hintern Rande der erwähnten Segmente erscheinen, so lässt es sich schwer entscheiden, ob sie noch den betreffenden Segmenten zuzurechnen sind, oder ob man sie als primär intersegmentale Bildungen aufzufassen hat. Die erstere Auffassung scheint mir indessen die zutreffendere zu sein, zumal bei den Larven die Drüsenpori in den bezeichneten Segmenten liegen. Bei den Imagines habe ich das Drüsenpaar des sechsten Segmentes nicht mehr aufgefunden.[1]

Tergite und Sternite fügen sich im Abdomen so fest aneinander, dass nach dem Ausschlüpfen der jungen Wanzen eine Grenze zwischen ihnen überhaupt nicht mehr erkennbar ist. Die ursprüngliche Trennungslinie zwischen den Bauchplatten und den umgeklappten Rückenplatten wird nur durch die Reihe der Stigmen markirt, die im 2.—8. Abdominalsegment sich ventralwärts vorfinden und noch von embryonaler Zeit her ihre anfängliche Lage beibehalten haben.

Einige Zeit nach dem Ausschlüpfen färben sich sowohl dorsal wie ventral in geringen Abständen von den Körperrändern die Seitentheile der Tergite dunkel (Fig. 26 Parat.). Diese Erscheinung beruht anfangs nur auf einer stärkeren Chitinisirung der betreffenden Stücke, welche offenbar den Zweck hat, dem Körper Festigkeit und gleichzeitig an einer etwas exponirten Stelle besseren Schutz zu verleihen. In späteren Stadien gewinnen aber schon die dorsal gebogenen, schwarz gefärbten Seitentheile der Rückenplatte eine grössere Selbstständigkeit und gliedern sich dann schliesslich bei der

---

[1] Nach Verhoeff befinden sich die Drüsenöffnungen bei den weiblichen Imagines im vierten, fünften und sechsten Abdomialsegmente.

Imago durch eine Naht gegen den Mitteltheil des Tergums ab. Die dorsal abgegrenzten Seitentheile der Tergite können wieder als Paratergite bezeichnet werden, ventralwärts sind dieselben nach wie vor mit dem Sternit verschmolzen.

Eine besondere Besprechung verdient endlich noch der hinterste Theil des Abdomens bestehend aus dem 8.--11. Segmente.

Die Entwicklung des 8. und 9. Segmentes schliesst sich noch ganz an diejenige der vorhergehenden Segmente an, ihre Gestaltung wird aber im späterem Larvenleben und hauptsächlich bei der Imago erheblich beeinflusst durch die Ausbildung der äusseren Genitalanhänge. Da die Beschreibung der letzteren indessen ausserhalb des Rahmens dieser Arbeit liegt. und sie für das Weibchen überdies schon von Verhoeff (93), für das Männchen zum Theil von Sharp (90) bearbeitet worden sind, so gehe ich auf diesen Punkt nicht weiter ein.

Für die weibliche Imago vertritt Verhoeff (93) die eigenthümliche Ansicht, dass das 9. Sternit verschwunden sei. Er sagt: „Als einen sehr bemerkenswerthen und im offenbaren Zusammenhang mit der Metamorphosirung der Ovipositoren stehenden Umstand habe ich das Verschwinden der eigentlichen 9. Ventralplatte hervorzuheben." Die 9. Bauchplatte der Pentatomiden muss vielmehr, wie Verhoeff angiebt, „als sekundäre 9. Ventralplatte bezeichnet werden."

Zu einer derartigen Bezeichnungs- und Anschauungsweise ist indessen bei Cimex dissimilis jedenfalls kein Grund vorhanden. Die betreffende Bauchplatte (Fig. 37 Stern.₉) entsteht bei der Imago ontogenetisch gerade wie die vorhergehenden Bauchplatten aus dem entsprechenden larvalen resp. embryonalen Sternit. Es liegt mithin kein Grund vor, hier von einer sekundären Neubildung zu sprechen. *

Die Bestandtheile des 10. Abdominalsegmentes, Tergit und Sternit vereinigen sich schon beim Embryo zu einem Ringe, der das 11. Segment umschliesst. Letzterer setzt sich aus einer dorsalen grösseren (Tergit) und einer ventralen kleineren Platte (Sternit) zusammen, welche zusammen die quergestellte Afterspalte zwischen sich fassen.

Während der Larvenzeit prägt sich der 10. Abdominalring (Fig 26 Abs.₁₀) stärker und deutlicher aus. Das 11. Tergit und Sternit gewinnen eine übereinstimmende Gestalt, sie sind an ihrem distalen Ende mit einer ganzen Anzahl buckelförmiger Verdickungen besetzt, von denen jede eine Chitinborste trägt. Die geschilderte Zusammensetzung des Hinterendes bleibt im übrigen aber erhalten.

Bei der Imago wird beim Männchen der hintere Theil des 9. Segmentes zu einem stark chitinisirten, einem unvollkommenen Hohlkegel ähnelnden Gebilde, welches die Kopulationsorgane trägt. In der Höhlung des 9. Segmentes findet sich das röhrenförmige 10. Segment vor, dessen dorsale Partie stärker chitinisirt und mit Haaren besetzt ist. Das 11. Tergit und Sternit haben bei der männlichen Imago ihre frühere (larvale) Form beibehalten und sind meist etwas zurückgezogen. Von Verhoeff ist das etwas schwächer entwickelte 10. Segment des weiblichen Abdomens als „Annulus" bezeichnet worden. Umgeben von dem Annulus (Fig. 37 Terg$_{19}$ u. Stern$_{10}$) erkennt man beim ausgebildeten Weibchen gerade wie beim Männchen noch das 11. Tergit und Sternit als zwei quere mit Borsten besetzte Platten, zwischen denen der After liegt. Von Verhoeff wurden diese beiden Platten mit einem eigenen Namen belegt und als „Diademplättchen" beschrieben. Ihre morphologische Natur ist ihm jedoch nicht klar geworden, er deutet sie vielmehr in einer erheblich abweichenden, unten noch näher zu erwähnenden Weise.

B. Untersuchungen an Pyrrhocoris apterus L.

Wiewohl Cimex und Pyrrhocoris systematisch bekanntlich zu zwei ganz verschiedenen Gruppen von Gymnoceraten gehören, so hat sich doch gezeigt, dass bei beiden Insecten die Entwicklung eine sehr ähnliche ist.

Die Bildung des Keimstreifens geht bei Pyrrhocoris wieder vom hinteren Eipole aus. Die Orientirung zwischen vorn und hinten ist ähnlich wie bei Cimex um so leichter, als am vorderen Pole des Eies sich die Micropyleaufsätze erheben.[1]

Die am Hinterende sich anfangs bildende Blastodermverdickung wuchert in Form eines zelligen Bandes nach innen. Während dieses

---

[1] Leuckart (55) und Mayer (74) geben übereinstimmend als Regel das Vorhandensein von 5 Micropyleaufsätzen am Pyrrhocorisei an. Ich habe bei den von mir untersuchten Eiern in den meisten Fällen 6—8 und mehrfach sogar 9 solcher Aufsätze angetroffen.

Vorganges wird auch schon das Mesoderm angelegt und zwar entsteht es mittelst einer medianen Einstülpung, deren Boden und Seitentheile sich in Mesoderm umgestalten. Fig. 24 zeigt ein von der Ventralseite gesehenes Pyrrhocorisei, an dem die Lagerung des Keimstreifens leicht zu verstehen ist. Man erkennt, dass der vorderste Theil der Embryonalanlage dem Dotter aufgelagert ist und noch oberflächlich liegt. Hinter dieser vordersten Partie, aus der späterhin besonders die Kopflappen hervorgehen, folgt eine scharfe Umbiegung und es schliesst sich dann erst der eigentliche bandförmige Keimstreifen selbst an, der in den Dotter eingewachsen ist und somit bei Pyrrhocoris wieder als ein immerser bezeichnet werden kann. Die Lage im Ei entspricht hierbei derjenigen des Cimexembryo, indem die Dorsalseite des Embryonalkörpers dicht an der Ventralseite des Eies liegt oder doch nur durch eine dünne Lage von Dotter von dieser geschieden ist, während die Ventralfläche des Körpers nach der Hauptmasse des Dotters resp. gleichzeitig nach der Dorsalseite des Eies gewendet ist.

Der auswachsende Keimstreifen besitzt schon in diesen frühen Stadien wellige Konturen, welche indessen noch nicht als der Ausdruck eigentlicher Segmentirung gelten können. Die hellere Färbung innerhalb der Medianlinie, welche auch in Fig. 31 markirt ist, wird hervorgerufen durch die oben erwähnte mediane Invagination des Mesoderms, welche vorn schmal und tief ist, während sie hinten durch ihre verhältnissmässige Breite auffällt. Bei dem in Fig. 24 abgebildeten Ei befindet sich die Konkavität der Einstülpung an der dem Beschauer abgewandten Seite.

Wendet man sich der Betrachtung eines etwas älteren Keimstreifens zu, so zeigt es sich, dass einmal die mediane Einstülpung nach Abtrennung des Mesoderms vollständig verschwunden ist und das zweitens die schon vorhin erwähnten welligen Konturen mit grösserer Deutlichkeit und Schärfe im Vergleich zu früher hervortreten. An den Seitenrändern sind besonders in der vorderen Hälfte des Keimstreifens paarige lappenartige Vorsprünge entwickelt, die durch entsprechende Einkerbungen von einander getrennt sind. Obwohl das Mesoderm in diesem Stadium noch nicht in Ursegmente aufgetheilt ist, eine innere Segmentirung also noch fehlt, so wird doch schon jetzt durch die erwähnten Lappen eine äussere Metamerie bedingt. Hierbei ist allerdings zu berücksichtigen, dass durchaus nicht immer ein

Paar von Vorsprüngen ein (definitives) Segment repräsentirt, sondern dass je zwei aufeinanderfolgende Paare einem Körpersegment zugehören, indem die vorderen Vorsprünge zu den Tergitanlagen, die hinteren zu den Extremitäten werden. Eine ähnliche Gliederung der embryonalen Segmente ist oben für Cryptoceraten beschrieben worden. Bei Pyrrhocoris findet sich eine derartige provisorische Zweitheilung der Segmentanlagen sowohl in der Kieferregion, wie im Thoraxabschnitt, innerhalb des Abdomens habe ich sie dagegen nicht mehr mit Deutlichkeit nachweisen können.

Bemerkenswerth ist an dem Keimstreifen von Pyrrhocoris die eigenartige Stellung der Kopflappen, welche durch die oben erwähnten Einwachsungsprocesse bedingt worden ist. Die Kopflappen sind beinahe um einen Winkel von 180° zur Körperaxe gedreht und müssen daher in Fig. 18, bei welcher der Keimstreifen von der Ventralseite gezeichnet ist, von der Dorsalseite erscheinen. Zwischen die divergirenden Kopflappen schiebt sich eine von Blastoderm bekleidete, zapfenähnlich gestaltete Dotterpartie ein, deren Spitze nach der Knickungsstelle des Körpers gerichtet ist (Fig. 31 Blast).

Das nächstfolgende Stadium (Fig. 12) ist bereits durch Ausbildung aller Körpersegmente und ihrer Anhänge charakterisirt. Unter den letzteren lenken besonders die Antennen die Aufmerksamkeit auf sich. In sehr aussergewöhnlicher Weise sind sie nämlich in gerader Richtung nach vorn ausgestreckt. Sie entspringen genau an der Stelle, an welcher die Seitentheile des Keimstreifens in die Kopflappen umbiegen. In dem von ihnen gebildeten Winkel liegt die Mundöffnung, die sich also gerade an der Knickungsstelle des Körpers vorfindet. Vor derselben, d. h. also wie die Kopflappen schon dorsal gelegen und auf der Dotteroberfläche erhebt sich ein paariger Wulst, in dem die erste Anlage von Labrum und Clypeus zu erblicken ist. Die Ganglienanlage des Intercalarsegmentes tritt bei Pyrrhocoris mit grosser Deutlichkeit hervor, ein Umstand der durch die eigenthümliche Stellung der Antennen und ihres Segmentes bedingt wird. Indessen bleibt auch bei Pyrrhocoris das Intercalarsegment gliedmaassenlos. Eine detaillirte Beschreibung der folgenden Kopf- und Brustgliedmaassen übergehe ich hier, weil sie im Vergleich zu denen von Cimex kaum Unterschiede erkennen lassen.

Das Abdomen setzt sich beim Keimstreifen von Pyrrhocoris (Fig. 12) aus 11 Segmenten zusammen, hinter denselben liegt die Afteröffnung, deren hintere Wandung in die Amnionfalte übergeht.

In den folgenden Stadien tritt eine Verkürzung des Körpers in der Längsrichtung ein, welche dahin führt, dass die Mundöffnung und die vor ihr befindliche Clypeusanlage gänzlich an die Ventralseite des Körpers gelangt, während freilich die beiden Kopflappen unverändert ihre ursprüngliche Stellung beibehalten.

Die übrige Entwicklung des Körpers bis zur Umrollung, die Theilung der vorderen Maxillen in Maxillarhöcker und in ein Ladenpaar, die Ausbildung des Abdomens u. a. vollziehen sich in einer Weise, die es beinahe gestattet, die Entwicklung von Pyrrhocoris ein genaues Abbild derjenigen von Cimex zu nennen. Die Unterschiede sind namentlich in der Bildung der Mundtheile sehr geringfügig, sie beruhen beispielsweise auf der bei Pyrrhocoris früheren Entwicklung der Stechborsten, welche schon beim Embryo, noch ehe das Labium zu Aufnahme bereit ist, als 4 parallele, in Abständen neben einander liegende Chitingräten aus dem Kopfe hervortreten. Bei der Entwicklung des Kopfes erscheint bei Pyrrhocoris nicht die für Cimex erwähnte Hypodermisverdickung, welche den Apparat zum Abheben des Eideckels liefert und schliesslich an dem Aufbau des Hinterkopfes noch theilnimmt. Bei dem ersteren Insect wird vielmehr der hintere Theil des Schädels nur von Derivaten der Kopflappen und die hinteren und seitlichen Theile ausserdem noch von den Tergiten der Kiefersegmente hergestellt.

Obwohl ein complicirter Mechanismus zum Oeffnen der Eischale fehlt, so ist Pyrrhocoris doch im Besitze eines typischen „Eizahns", wie ich ihn in ähnlicher Weise auch bei Forficula (95a) beschrieben habe. Der Eizahn ist bei Pyrrhocoris ein spitzer Chitinfortsatz, welcher am Vorderrande einer zwischen den Hälften der Stirn befindlichen schmalen Chitinleiste sich erhebt.

Die Zusammensetzung des Abdomens bei der Larve ist bei Pyrrhocoris so wenig von derjenigen von Cimex verschieden, dass ich hier nicht genauer darauf einzugehen brauche. Zu erwähnen ist, dass auch an dem larvalen Abdomen die ursprüngliche Elfgliedrigkeit sich mit grosser Deutlichkeit zeigt. In dem ringförmigen 10. Abdominalsegment befinden sich ein etwas grösseres 11. Sternum und ein etwas kleineres 11. Tergum, die meistens zurückgezogen sind, gelegentlich aber auch weit vorgestülpt werden, wobei dann die dünne Intersegmentalhaut zwischen dem 10. und 11. Segmente stark ausgespannt wird. Letzteres Verhalten veranschaulicht Fig. 2. Das 11. Tergit ist aus 2 symmetrischen Hälften zusammen gesetzt und wie das einfach halbmondförmig bleibende 11. Sternit mit Haaren besetzt. Die Gestaltung des weiblichen Abdomens bei der Imago ist schon von Verhoeff (93) beschrieben worden. Letzterem ist freilich hierbei ent gangen, dass seine beiden „Diademplättchen" nur die Bestandtheile eines 11. Abdominalsegmentes sind. Von dem Hinterleibsende einer männlichen Pyrrhocoris gebe ich in Fig. 27 eine Abbildung. An das tief ausgehöhlte 9. Segment, welches der Träger der (in der Figur abgestutzten) Genitalanhänge ist, schliesst sich ein kurzcylindrisches 10. Segment an, welches das 11. Tergum und Sternum umgiebt.

Bei Pyrrhocoris ist somit die primäre Elfgliedrigkeit selbst noch bei der Imago deutlich erkennbar.

III. Zusammenfassung unter Berücksichtigung früherer Arbeiten über Heteropteren.

A. Kopf und Mundtheile der Heteropteren.

Da es nicht in meiner Absicht liegt, eine erschöpfende Litteraturzusammenstellung zu geben, so beschränke ich mich darauf, hier nur diejenigen Arbeiten namhaft zu machen, welche für die Morphologie des Hemipterenkopfes in erster Linie in Betracht kommen.

Der allgemeine Bauplan der Hemipterenmundtheile hat durch Savigny (16) eine im wesentlichen bereits durchaus zutreffende Deutung erfahren. Savigny fasste den Schnabel (Rostrum) der Wanze als Labium auf und betrachtete das mediale Paar von Stechborsten als Maxillen, das laterale als Mandibeln. Hinzu tritt noch das Labium, welches die Basis des Labiums sammt den Stechborsten von oben her bedeckt. Der Anschauung von Savigny haben sich die namhaftesten Entomologen wie Burmeister (39), Newport (39) u. a. bis in die neueste Zeit hinein angeschlossen.

Im Gegensatz hierzu gab jedoch Kräpelin (84) eine abweichende Erklärung. Gestützt auf seine mustergiltigen Untersuchungen an Musciden und Siphonapteren glaubte er umgekehrt die medialen, zur Bildung eines Rohres vereinigten Stechborsten als Mandibeln, die lateralen als Maxillen in Anspruch nehmen zu sollen. Zweifellos ist dies ein Punkt, der sich allein durch anatomische Untersuchungen nicht ohne Schwierigkeit klar stellen lässt. Erst vor einigen Jahren hat Schmidt (91) nach eingehenden Untersuchungen an Nepiden und Belostomiden die Frage nach der Deutung der Kiefer noch als offen bezeichnet, indem „zur sicheren Entscheidung auf die embryonale Entwicklung zurückgegangen werden müsste."

Die in dieser Arbeit enthaltenen entwicklungsgeschichtlichen Thatsachen dürften nun aber jedenfalls hinreichend beweisen, dass wir in der Deutung der Mandibeln und Maxillen Kräpelin nicht folgen können, sondern dass die ältere Anschauung von Savigny zu Recht besteht.

Wenn somit die morphologische Deutung der Hemipterenmundtheile im grossen und ganzen keine Schwierigkeiten macht, so bereitete doch die Auffassung der Mundwerkzeuge im einzelnen und namentlich ihre Zurückführung auf die bei anderen Insecten vorkommenden Bestandtheile um so mehr Verlegenheiten. In dieser Hinsicht sind denn auch die Ansichten bisher noch sehr weit auseinandergegangen. An den Mundtheilen der Hemipteren vermisst man bekanntlich vor allem eine deutliche Absonderung von Palpen, von Maxillen- und Labialtastern, und ferner fehlt an beiden Maxillenpaaren eine deutliche Sonderung in Innen- und Aussenladen (Lobi interni und externi).

Kann man auch die Umbildung einer einfachen höckerförmigen Mandibel kauender Insecten in eine spiessförmige Gräte bei Hemipteren begreiflich finden, so muss doch die Umwandlung eines so reich gegliederten Gebildes, wie es die (vordere) Maxille in der Regel zu sein pflegt, in eine gerade wie die Mandibel gestaltete einfache Gräte, mit Recht Befremden erregen.

Gleichwohl hat es auch hier nicht an Erklärungsversuchen gefehlt. Namentlich Chatin (97) sucht neuerdings, gestützt auf seine umfassenden Untersuchungen an den Mundwerkzeugen verschiedenster Insecten, die Maxillen der Hemipteren auf diejenigen kauender Insecten zurückzuführen. Ich citire wörtlich: Une analyse minutiöse permet d'établir que, spécialement pour la mâchoire, c'est la region galéaire qui constamment y prend une part prééminente, le galéa subissant une élongation considérable. La base du stylet, conformée en crosse du fusil, est formée par le sous-maxillaire et le maxillaire. Elle porte la lame, proprement dite, répondant au galéa. Der französische Forscher verfällt hierbei indessen in einen Irrthum, den auch zahlreiche andere Entomologen bereits begangen haben: man pflegt ohne weiteres die Stechborsten mit den Mandibeln resp. mit den Maxillen oder wie Chatin thut, sogar mit den Lobi externi von letzteren zu vergleichen. Die Stechborste an sich enthält aber überhaupt kein lebendes Gewebe, sondern ist weiter nichts als eine Chitinausscheidung, die in enormer Quantität von dem tief im Kopf verborgenen Kiefertheil producirt wird. Nur dieser letztere kann also als eigentliches Vergleichsobject in Frage kommen, während die chitinöse Stechborste von untergeordneter Bedeutung ist, ein Umstand, der leider sehr vielfach ausser Acht gelassen wurde.

Der im Kopfinnern verborgene Kiefertheil zeigt niemals eine Spur von Gliederung, sodass die von Chatin vorgeschlagenen Vergleiche mit Cardo, Stipes und Lobus externus hinfällig werden.

Mit dem Fehlen von Tastern (Palpen) an den Maxillen hat man sich verhältnissmässig schnell abgefunden. Geise (83) spricht sich in dieser Hinsicht folgendermaassen aus: „Ein Taster am Maxillenkörper selbst war eben eine mechanische Unmöglichkeit und mit der fortschreitenden Ausbildung der Kiefer zu glatten in Röhren auf- und niedergleitenden Stiletten mussten die Taster schwinden." Wedde (85) sagt: „Taster fehlen den Maxillen vollständig. In dieser Thatsache kann ich durchaus nichts befremdendes finden; es ist doch sehr gut denkbar, dass ein rings eingeschlossenes und umhülltes Gebilde, wie in unserm Falle die Maxillen, Anhänge die funktionslos geworden sind, verloren hat." Andere Autoren begnügen sich einfach, das gänzliche Fehlen der Maxillartaster zu constatiren

Meine entwicklungsgeschichtlichen Untersuchungen haben zu dem Ergebniss geführt, dass die primär angelegte Maxille eine eigenartige Theilung in der Längsrichtung erfährt, wodurch zwei nebeneinanderliegende Stücke zur Ausbildung gelangen. Das mediale zapfenförmige und kleinere Stück sinkt in die Tiefe und producirt die Stechborste. Dieser letztere Theil, welchen man gewöhnlich als „Maxille" zu bezeichnen pflegt, besitzt nur die morphologische Bedeutung einer Maxillenlade (Lobus internus — Lacinia).

Der lateral verbleibende Stamm und Haupttheil der Maxille flacht sich dagegen ab und findet bei der Bildung der Schädelwandung Verwendung. Der Maxillenstamm liefert eine bestimmte Partie des Kopfsceletes, welche ich als Lamina maxillaris bezeichne. Letztere ist bei den von mir untersuchten Cryptoceraten eine verhältnissmässig gut umschriebene Platte, während sie bei Gymnoceraten in stärkerem Maasse mit anderen Theilen der Kopfwandung (namentlich der Gula) vereinigt ist.

Die Lamina maxillaris bleibt in den meisten Fällen nicht einfach, sondern an ihr erhebt sich häufig ein mehr oder weniger deutlich abgesetztes Anhangsgebilde, welches in morphologischer Hinsicht von Bedeutung ist. Dieses Gebilde, das bei Cryptoceraten meines Wissens bisher nicht beachtet wurde, habe ich als Processus maxillaris beschrieben. Ausser bei Cryptoceraten kommt das entsprechende Gebilde auch bei Gymnoceraten vor und ist dort schon lange unter dem Namen Buccula oder Wangenplatte (Fieber 61) bekannt.

Die Bucculae der Gymnoceraten sind entweder durch eine Furche von den Laminae maxillares abgesetzt, oder sie gehen unmerklich in diese über. Eine genauere Untersuchung, die ich an verschiedenen Formen anstellte, ergab, dass im Innern der Bucculae keine Musculatur enthalten ist. Sie stellen einfache häutige Erhebungen oder, richtiger gesagt, Fortsetzungen der Laminae maxillares dar.

In dieser Hinsicht documentirt sich also ohne weiteres eine Uebereinstimmung der Bucculae mit den Processus maxillares der Cryptoceraten, welche ontogenetisch ebenfalls als laterale Fortsätze der Laminae entstehen und niemals zum Ansatz von Muskeln dienen.

Wenn ich thatsächlich nicht zögere, die Bucculae und Processus maxillares zu homologisiren und auch auf erstere die letztere Bezeichnung anwende, so sind hierbei nicht nur anatomische und entwicklungsgeschichtliche Gründe maassgebend gewesen, sondern es fällt auch noch die ganz entsprechende Lagerung der beiden Theile ins Gewicht. Man braucht sich nur vorzustellen, dass die Laminae mit dem lateral daran anstossenden Processus max. eines Notonectakopfes von der Dorsalseite an die Unter- resp. Ventralseite des Kopfes geschoben wurden, und sich dort in der Richtung von hinten nach vorn etwas verlängern, um sogleich die ganz entsprechende Lagerung von Genae (Laminae max.) und Bucculae (Processus max.) bei Gymnoceraten wiederzufinden.

Hat man in den Laminae maxillares den beim Embryo noch deutlich gliedmaassenförmigen, später aber vollkommen rudimentär werdenden Maxillenstamm zu erblicken, welcher wahrscheinlich Cardo und Stipes anderer Insektenmaxillen entspricht, so sind die Processus maxillares der Hemipteren in morphologischer Hinsicht für die Homologa der Palpi maxillares anzusehen. Zu Gunsten der letzteren Auffassung sprechen ausser den entwicklungsgeschichtlichen Ergebnissen besonders gewisse, bis jetzt aber unrichtig interpretirte Befunde von anderer Seite.

Im Jahre 1887 beschrieb Léon bei einer nicht näher bestimmten, aus Ceylon stammenden Tingide zwei an der Basis des ersten Schnabelgliedes befindliche dreigliedrige Anhänge, die er als Labialtaster deutet. Die von Léon gegebene Abbildung lässt deutlich erkennen, dass dasjenige was Léon für Labialpalpen hält, den Processus maxillares (Bucculae) anderer Hemipteren entspricht. Léon ist auf diese Uebereinstimmung mit Bucculae selbst aufmerksam geworden und erklärt daraufhin die Bucculae der Hemipteren für verwachsene „Tasti labiales".

In einer späteren Veröffentlichung (92) beschreibt derselbe Autor ein leider ebenfalls nicht bestimmtes „Hemipteron", das er in der Umgebung von Jassy fand. Dieses Thierchen wies gleichfalls Tasteranhänge auf, die denen der soeben genannten Form entsprechen.

Da, wie auch Léon hervorhebt, an der Homologie der von ihm aufgefundenen Taster mit den Bucculae anderer Wanzen kein Zweifel obwalten kann, und da ich ferner den entwicklungsgeschichtlichen Nachweis erbringen konnte, dass die Bucculae nicht zum Labium, sondern zu den Maxillen gehören, so folgt daraus, dass die bei Tingiden gefundenen Taster auch keine Labialtaster sein können, wie man bisher annahm, sondern dass es sich hier um Palpi maxillares handelt.[1])
Dieser Deutung steht auch die Angabe von Léon nicht im Wege,

---

[1]) Von Tingiden habe ich selbst Monanthia cardui L. untersucht, die mir von Herrn Dr. Babor in Prag freundlichst zur Verfügung gestellt wurde. Bei der genannten Form zeigten sich die Processus max. in ganz entsprechender Weise ausgebildet wie bei Vertretern anderer Heteropterenfamilien (Pentatomiden, Coreiden, Pyrrhocoriden).

dass die betreffenden Palpen mit der Basis des Labiums zusammenhängen. Letzteres erklärt sich zur Genüge aus der oben ausführlich beschriebenen Bildungsweise des Kopfes.

Wenn also, woran wohl nicht zu zweifeln ist, die thatsächliche Richtigkeit der Léon'schen Befunde durch spätere Untersuchungen bestätigt wird, so ergiebt sich, dass wenigstens in vereinzelten Fällen, z. B. bei gewissen Tingiden, noch echte Maxillartaster vorkommen, wenngleich diese letzteren auch bei der überwiegenden Mehrzahl der Heteropteren nur noch in rudimentärer und modificirter Form als einfache Platten oder in Gestalt von Erhebungen (Processus maxillares) hervortreten.

Wenn man bisher auch noch nicht bei den (vorderen) Maxillen nach Ueberresten von Tastern gesucht hat, so sind doch schon vielfach Bemühungen gemacht worden, bald in diesem, bald in jenem Theile des Wanzenschnabels die Labialpalpen anderer Insekten wiederzuerkennen. Eine Einigung in dieser Hinsicht ist hierbei aber nicht erzielt worden.

Nach Burmeister (39) ist das Grundglied des Labiums die „wahre Unterlippe". Die distalen Glieder entsprechen den miteinander verwachsenen Tastern. Nach Gerstfeld (53) sind indessen die Palpen an der Bildung des Labiums der Hemipteren überhaupt nicht betheiligt.

Geise (83) schliesst sich der Auffassung von Gerstfeld an, wogegen nach Kräpelin (84) das Basalglied des Labiums dem Submentum und Mentum homolog sei, während die übrigen Glieder den in der Medianlinie zu einer Rinne miteinander verwachsenen Palpen entsprechen. Auch Wedde (85) meint, dass das Labium aus Cardo, Stipes und Palpi besteht, welche Theile sämmtlich zu einem unpaaren langgestreckten Organ verwachsen seien.

Léon (92) stimmt mit Gerstfeld überein, während nach Chatin (97) die distalen Glieder des Hemipterenlabiums von den verschmolzenen Palpen gebildet werden.

In neuerer Zeit haben namentlich gewisse Versuche, nicht im Schnabel selbst sondern in bestimmten Fortsätzen desselben die Palpi labiales zu erkennen, die Aufmerksamkeit auf sich gelenkt.

Es gebührt besonders Schmidt (91) das Verdienst, auf gewisse Anhänge an dem Labium von Nepiden und Belostomiden hingewiesen zu haben, welche schon von einigen älteren Autoren (Savigny u. a.) beschrieben

wurden, seitdem aber in Vergessenheit gerathen waren. Die Anhänge bestehen aus zwei kleinen, deutlich abgegliederten Zapfen, die an der Dorsalseite des dritten Labialgliedes sich erheben. Die Entstehungsweise dieser
von mir Appendices Labii genannten Anhänge habe ich oben beschrieben.
Schmidt deutet sie als Lippentaster.[1])

Ferner hat Léon (97) Anhänge, die den eben genannten Appendices
labii gleichen, ebenfalls bei Belostomiden (Benacus, Zaitha) und auch bei
Gerris und Velia beschrieben. Er hält die von mir in einer kurzen vorläufigen Mittheilung (96 a) ausgesprochene Meinung, dass das Labium der
Rhynchoten eigentliche Palpen nicht besitze, für fraglich, und betrachtet
die genannten Anhangsgebilde als Taster.

Wenn es mir nicht möglich ist, mich der Auffassung von Léon resp.
der älteren von Schmidt anzuschliessen, so beruht dies auf mehreren Gründen,
von denen ich die folgenden hervorhebe.

Die Léon'sche Auffassung basirt auf der Voraussetzung, dass die
Labialanhänge der oben genannten Wanzen Fortsätze des zweiten (vorletzten)
Gliedes eines dreigliedrigen Labiums sein. Léon homologisirt nämlich das erste
Glied (Basalglied) des Wanzenrüssels mit dem Submentum (sous-maxillaires),
das zweite mit dem Mentum (maxillaires) bei kauenden Insekten. In diesem
Falle würde also der Palpus ähnlich wie bei kauenden Insekten dem
Mentum aufsitzen. Diese Homologisirung wird aber bereits erschüttert, wenn
die Labialanhänge am dritten Gliede eines viergliedrigen Labiums vorkommen,
wie es z. B. bei Gerris zutrifft und nach meinen Untersuchungen auch bei
Nepa der Fall ist.

Ueber die Art und Weise, wie man nun hier homologisiren soll.
lässt sich aus der Léon'schen Veröffentlichung leider keine Klarheit gewinnen.

---

[1]) An die Veröffentlichung von Schmidt knüpft sich ein Aufsatz von Léon (94) an.
welcher ersterem zum Vorwurfe machte. dass er seine Arbeiten nicht berücksichtigt hätte.
und sich das Verdienst zuschreibt, selbst schon früher die erwähnten „Labialtaster" (bei
Tingiden) beobachtet zu haben. Offenbar befindet sich Léon hierbei in einem Irrthum, denn
seine Befunde an Tingiden haben nichts mit denjenigen von Schmidt zu thun. Handelt es
sich bei den von Léon (87, 92) untersuchten Insekten um Gebilde, die an der Basis des
Labiums sich befinden und welche, wie oben gezeigt wurde. aus vergleichend-anatomischen
Gründen, mit ziemlicher Sicherheit als Maxillartaster angesehen werden können, so gehören
umgekehrt die von Schmidt (91) beschriebenen Anhänge einem der distalen Glieder des
Labiums an.

Léon hebt nämlich als Resultat seiner gesammten Untersuchungen hervor, dass, wie es bereits von Gerstfeld (53) angegeben wurde, das 3. und 4. Labialglied bei den Hemipteren den vereinigten Laden entsprechen solle. Ist diese von Léon demnach als richtig anerkannte Meinung zutreffend, so wird aber jedenfalls der gewünschte Vergleich mit den Palpi labiales der Orthopteren hinfällig, denn bei letzteren sind die Laden bekanntlich niemals Träger der Palpen, während bei einem viergliedrigen Rhynchotenschnabel die fraglichen Anhänge dem bereits mit der Lade verglichenen dritten Gliede aufsitzen. Es scheint indessen, dass man im vorliegenden Falle lieber einmal eine Ausnahme machen und erst das dritte Glied als Mentum deuten möchte. Eine solche Deutung wird wenigstens von Léon dem dritten Labialgliede von Gerris beigelegt. Abgesehen davon, dass es sich hier anscheinend um eine Art Verlegenheitsmittel handelt, hätten wir aber gleichzeitig dann den exceptionellen Fall eines zweigliedrigen Submentums vor Augen, der sich wiederum mit dem Orthopterenschema (Blatta, Gryllus) nicht vereinigen lässt.[1]) Auch andere Auskunftsmittel aus diesem Dilemma, etwa das überschüssige dritte Glied als gliedförmige Squama palpigera aufzufassen, können natürlich einen wissenschaftlichen Werth wohl kaum beanspruchen. Die Wahrheit ist eben nur, dass bei einer gewissen Gruppe nachher noch näher zu charakterisirender Wanzen oberflächlich an Taster erinnernde Anhänge immer am vorletzten Gliede eines drei- oder viergliedrigen Labiums vorkommen.

Die Ontogenie liefert für die Richtigkeit der Léon'schen Auffassung keine Belege. Im Hinblick auf die Voraussetzung, dass die Orthopteren die Stammform der Hemipteren seien (87), sucht der genannte Forscher das Labium der letzteren von den einzelnen Bestandtheilen des Labiums der ersteren abzuleiten. Die Entwicklung geht nun aber in beiden Fällen unverkennbar in differenter Weise vor sich. Bei den Embryonen der Orthopteren

---

[1]) Die hier erwähnte Schwierigkeit ist Schmidt (91) nicht entgangen. Wenn dieser Autor meint, dass das Grundglied des Wanzenrüssels vielleicht garnicht den eigentlichen Mundtheilen zuzuzählen sei, indem nach seinen Beobachtungen es sich nicht an der Rinnenbildung zur Aufnahme der Stechborsten betheilige, so ist das für die überwiegende Zahl der Heteropteren jedenfalls nicht zutreffend, wie leicht an beliebigen Landwanzen zu constatiren ist. Ausserdem sprechen die Ergebnisse der Entwicklungsgeschichte entschieden gegen eine solche Erklärung.

bildet sich der Palpus labialis sehr frühzeitig, er besitzt von vornherein eine beträchtliche Grösse und zeigt sich als directe Fortsetzung des hinteren Maxillenstammes, während die Laden im Vergleich hierzu zurücktreten. Bei den Heteropteren (untersucht sind von mir Nepa und Ranatra) bleibt dagegen der hintere Maxillenstamm zunächst einfach, erst gegen Ende der Embryonalperiode hin, nachdem das eigentliche Labium durch Verwachsung der hinteren Maxillen schon fertiggestellt ist, erscheinen an ihm die kleinen Labialanhänge, die aber nicht in der Verlängerung des Maxillenstammes liegen, sondern secundäre, ungegliedert bleibende, dorsale Auswüchse desselben darstellen.

Die von Schmidt und Léon beschriebenen Labialanhänge treten stets in gleicher Form und zwar immer als eingliedrige zapfenartige Vorsprünge auf. Diese Uebereinstimmung in Lage und Gestalt deutet auf Anpassung an eine bestimmte Function (Geschmacks- oder Geruchsorgane?) hin. Handelte es sich hier wirklich um rudimentäre Gebilde, so würde man wohl noch eine grössere Variabilität in ihrer Gestalt voraussetzen können (ähnlich den Processus maxillares). Es müsste vor allem der Nachweis geführt werden können, dass die Anhänge wenigstens noch gelegentlich in einer Form auftreten, die an diejenige typischer gegliederter Taster erinnert (ähnlich den Maxillartastern einiger Tingiden). Derartige Fälle sind indessen noch niemals aufgefunden worden.

Die fraglichen Labialanhänge kommen lediglich bei einer bestimmten kleinen Gruppe von Heteropteren vor, fehlen aber nicht nur bei weitem der Mehrzahl der letzteren, sondern vor allem, soviel man bisher weiss, auch sämmtlichen Homopteren. Die Labialanhänge sind bisher überhaupt nur bei solchen, zum Theil sehr nahe verwandten, Wanzengattungen gefunden worden, die sich an den Aufenthalt im Wasser oder in nächster Nähe desselben angepasst haben. Diese biologische Seite verdient jedenfalls Berücksichtigung, denn das Vorkommen der Anhänge speciell bei Wasserinsecten scheint darauf hinzudeuten, dass sie eine ganz bestimmte Aufgabe, vermuthlich das Aufspüren der Beute im feuchten Elemente, oder doch eine ähnliche Function haben. Da nun die Rhynchoten ursprünglich unzweifelhaft echte Landthiere gewesen sind (Osborn 95), so liegt es sehr nahe, dass die Appendices labii erst in Anpassung an eine bestimmte Lebensweise secundär entstanden sind, es ist sehr wahrscheinlich, dass ihrer Entwicklung bei gewissen Wasserwanzen nur physiologische Momente zu Grunde liegen, dass man aber in diesen Gebilden nicht rudimentäre Organe von bestimmter phylogenetischer Bedeutung vor Augen hat.[1])

Abgesehen von den Appendices labii homologisirt Léon (97) auch noch einige andere Anhänge und Vorsprünge, die er an der Spitze des Labiums der von ihm studirten Wasserwanzen fand, mit den Lobi interni und externi des Labiums beissender Insekten. Die letzteren Anhänge habe ich selbst bei Gerris untersucht, bin jedoch der Ansicht, dass es vorläufig jedenfalls sehr gewagt sein würde, derartige Gebilde allein auf eine noch sehr entfernte äussere Aehnlichkeit und ihre noch sehr fragliche Ueber-einstimmung in der Lage hin mit bestimmten Körpertheilen anderer Insekten in Verbindung zu bringen.

Es ist selbstverständlich nicht ausgeschlossen, dass die zu erwartende ausführliche Arbeit von Léon noch bestimmtes Thatsachenmaterial, welches zu Gunsten seiner Annahme vielleicht sprechen könnte, bringt. Die bis jetzt vorliegenden Ergebnisse gestatten jedenfalls aber nur den Schluss, dass die Existenz von Palpi labiales bei den Heteropteren, welche den Lippentastern kauender Insecten homolog sind, bisher wenigstens in keinem Falle mit Sicherheit erwiesen ist.

Es ist schliesslich noch mit einigen Worten auf den Hypopharynx hinzuweisen. Die Existenz desselben ist gerade vielfach bei den Wanzen in Frage gezogen worden. Léon (87) sagt, dass er auf Schnitten durch die Mundwerkzeuge der Hemipteren den Hypopharynx weder als besonderes Organ noch als Rudiment entdecken konnte. Er ist der Meinung, dass

---

[1]) Léon (97) wirft die Frage auf, wie es möglich sei, dass ein Organ (Labialpalpen), welches wegen Functionsmangel geschwunden sei, nachher bei anderen Formen wieder an demselben Orte (in diesem Falle richtiger gesagt, an einer ähnlichen Stelle!) auftreten könne, ohne dass hier eben eine Homologie vorläge. Ich glaube, dass hierfür aber bereits genug Beispiele vorhanden sind und brauche nur an die Rückenflosse der Fische und Rückenfinne der Wale zu erinnern. In Anpassung an eine bestimmte Lebensweise hat sich bei letzteren ein flossenartiger Fortsatz auf dem Rücken ausgebildet, den man aber natürlich doch noch nicht deswegen für das Homologon einer Rückenflosse von Teleostiern erklären wird, sondern der gerade wie die horizontale Schwanzflosse der Wale erst innerhalb dieser Ordnung von Säuge-thieren erworben wurde (vgl. Gegenbaur, Vergleichende Anatomie der Wirbelthiere. Bd. 1 1898).

bei den genannten Insekten der Hypopharynx weiter nichts sei, als die bei einigen Arten stark verdickte untere Rinne des Pharynx.

Meinert (91) fasst seine Ansicht in den Worten zusammen: Rhynchota, ut inter homines doctos constat, hypopharynge omnino carent. Ich bedaure, dass ich mich hiernach wohl nicht zu der bezeichneten Kategorie rechnen darf, denn bei den von mir untersuchten Heteropteren habe ich den Hypopharynx sicher nachweisen können. Er entsteht in derselben Weise wie ich früher (95) für Orthopteren beschrieben habe, bleibt allerdings bedeutend unansehnlicher als bei den letzteren Insekten, Am deutlichsten tritt der Hypopharynx bei Embryonen hervor, aber auch bei Larven von Wanzen habe ich ihn auf Schnitten noch in vielen Fällen erkennen können. Der Hypopharynx erscheint als medianer Zapfen oder Höcker und befindet sich an der Basis des Labiums, dorsal von der Ausmündung des Spritzapparates für die Speicheldrüsen.

B. Zusammensetzung des Thorax und Abdomens bei den Heteropteren.

Ueber den Bau des Thorax der Wanzen sind die eingehendsten Arbeiten bisher von Fieber (52, 61) veröffentlicht worden. Derselbe hat zum ersten Male darauf hingewiesen, dass bei vielen Wanzen, namentlich bei Cryptoceraten, die Bauchplatten der drei Thoraxsegmente (Pro-, Meso- und Metasternum in vulgärem Sinne) nicht einfach bleiben, sondern aus einer Anzahl von Stücken zusammengesetzt sind. Da ein ausführliches Eingehen auf die Fieber'sche Beschreibung über den Rahmen dieser Abhandlung hinausgehen würde, so beschränke ich mich darauf, nur die wichtigsten Punkte seiner Ergebnisse hervorzuheben.

1. Das Mittelbruststück (Mesostethium) kann aus dem unpaaren Mesosternum (Sternum mesostethii) und zwei seitlichen Schulterstücken (Scapula) bestehen.

2. Das Hinterbruststück Metastethium kann aus einem mittleren Stück, Metasternum (Sternum metastethii) und zwei Seitenstücken (Pleurum) zusammengesetzt sein.

3. Bei Corixa findet sich hinter jedem Pleurum ein lappenförmiges Seitenstück (Parapleurum).

4. Die Gelenkpfannen für die Mittelbeine werden durch einen Ausschnitt am Hinterrande des Mesostethiums und der seitlichen Scapula gebildet, diejenigen der Hinterbeine werden vom Metasternum und den Pleuren begrenzt.

Meine entwicklungsgeschichtlichen Untersuchungen haben zu folgendem Resultat geführt. An jedem der drei Thoraxsegmente des Embryo sind zu unterscheiden:

1. Die Sternitanlage (Pro-, Meso- und Metasternum), 2. die paarigen Beinanlagen, 3. die paarigen Anlagen der Tergite.

Während sich die Tergitanlagen zur Bildung des Pro-, Meso- und Metanotum vereinigen, tritt an den Beinanlagen zunächst eine undeutliche Gliederung in vier Abschnitte ein, die im wesentlichen Coxa, Femur, Tibia und Tarsus entsprechen. Von dem proximalen Theil des Femur gliedert sich später der Trochanter ab, und von dem proximalen Theil der Coxa ein Stück, welches ich als Subcoxa bezeichnet habe. Die Subcoxa bildet den Uebergang zum Rumpfe, ist genetisch, aber als noch zum Beine gehörig zu betrachten. Im weiteren Entwicklungsverlauf schmilzt die Subcoxa in das Sternum des zugehörigen Thoraxsegmentes ein und stellt mit diesem zusammen erst die „eigentliche Bauchplatte" dar. Die Verschmelzung zwischen Subcoxa und Sternum kann eine derartige sein, dass zwischen beiden eine Grenze überhaupt nicht erhalten bleibt. Dies pflegt namentlich im Prothorax der Fall zu sein, gilt aber auch für Meso- und Metathorax zahlreicher Landwanzen (Cimex). Bei Pyrrhocoris sind die Subcoxen zwar ebenfalls mit den Thoraxsterniten verwachsen, doch sind als Reste von ihnen noch deutlich wulstförmige Erhebungen an der Basis der Beine erkennbar.

Bei den Wasserwanzen (Cryptoceraten) findet zwischen Meso- und Metasternum einerseits und den Subcoxen andererseits in der Regel keine so innige Vereinigung statt, sondern diese letzteren erhalten sich noch mehr oder weniger deutlich in Gestalt selbständiger durch Nähte oder Furchen abgegrenzter Stücke als Laminae subcoxales. Die sowohl bei Larven wie bei Imagines nachweisbaren Subcoxalplatten befinden sich theils an der lateralen Aussenseite der Beine, theils liegen sie vor den Mittel- und

Hinterhüften, sie entsprechen nicht vollkommen den embryonalen Subcoxen (weil die Nähte niemals eine absolut genaue Grenzbestimmung primärer Bestandtheile ermöglichen), lassen sich aber doch mindestens theilweise, oder überhaupt noch im wesentlichen auf die ersteren zurückführen. Der Zusammenhang zwischen den Subcoxalplatten und den Beinen giebt sich in vielen Fällen noch dauernd darin zu erkennen, dass von der Subcoxalplatte aus ein Theil der in das Bein eintretenden Bewegungsmuskulatur ihren Ursprung nimmt. Hat eine völlige Vereinigung zwischen Sternum und der Subcoxa stattgefunden, so entspringen natürlich die betreffenden Muskeln von demjenigen Theile des Sternums, in welche die Hauptmasse der embryonalen Subcoxa eingeschmolzen ist.

Die von mir beschriebenen Subcoxalplatten sind im Mesothorax identisch mit den Scapulae, im Metathorax mit den Pleuren der von Fieber gegebenen Terminologie. Statt dieser mir nicht sehr zweckmässig erscheinenden Namen habe ich in meiner Bezeichnungsweise die wechselseitige Uebereinstimmung der genannten Theile in den verschiedenen Brustsegmenten und vor allem ihre genetische Beziehung zur Coxa des Beines zum Ausdruck zu bringen versucht.

Während die stigmentragenden Seitenplatten (Pleurite) an der Zusammensetzung des Thorax bei den Wanzen meist keine wesentliche Rolle spielen, so entwickeln sich bei der Nepalarve die Pleurite des Metathorax zu zwei auffallenden langen, sichelförmig gekrümmten Fortsätzen, welche ich bisher noch nicht erwähnt oder beschrieben gefunden habe. Nur die von Fieber bei Corixa als Parapleuren bezeichneten Stücke lassen sich möglicherweise mit derartigen Pleuriten vergleichen.

Bezüglich der Entwicklung der Flügel ist zu bemerken, dass dieselben bei den Wanzen als nach hinten gerichtete Auswüchse der Seitenränder von Meso- und Metanotum angelegt werden.

Der Bau des Abdomens hat bei den Heteropteren von Seiten früherer Autoren bereits eine viel gründlichere Untersuchung gefunden, als dies hinsichtlich des Thorax der Fall ist. Bei weitem die beste und genaueste Beschreibung dieser Art ist Verhoeff (93) zu verdanken. Da in der Verhoeff'schen Arbeit die ältere Litteratur bereits eine Berücksichtigung gefunden hat, so gehe ich hier nicht auf dieselbe ein.

Die Repräsentanten von nicht weniger als 18 verschiedenen Heteropterenfamilien haben das Material für die Untersuchungen Verhoeff's geliefert. Derselbe giebt eine minutiöse und grösstentheils auch durchaus genaue Beschreibung von den einzelnen Chitinstücken, die er an dem weiblichen Abdomen angetroffen hat. Zu bedauern bleibt nur, dass er seinen Beschreibungen keine Abbildung beigefügt hat. Der Hinterleib männlicher Wanzen wurde von Verhoeff nicht untersucht. Einige geringfügige Differenzen zu denen mich eigene Untersuchungen im Vergleich zu den Angaben dieses Autors geführt haben, sind bereits im speciellen Theil erwähnt worden. Hier gehe ich nur auf Fragen principieller Bedeutung ein, in denen ich nicht der Verhoeff'schen Auffassung beipflichten kann.

Verhoeff geht von der Voraussetzung aus, dass die Zahl der Abdominalsegmente bei den Wanzen 10 betrage. Den „Nachweis der Allgemeinheit der Zahl 10" bezeichnet er geradezu als einen Zweck seiner Untersuchungen. Da sich nun aber in Wirklichkeit bei einigermassen sorgfältiger Präparation an zahlreichen ausgewachsenen Heteropteren sowohl im männlichen wie im weiblichen Geschlechte die Bestandtheile von 11 Abdominalsegmenten deutlich nachweisen lassen, und diese Bestandtheile natürlich Verhoeff nicht entgehen konnten, so hat sich letzterer, um nicht selbst mit seiner Theorie in Widerspruch zu geraten, zu eigenartigen Deutungen veranlasst gesehen und Theile bei verschiedenen Thieren miteinander homologisirt, welche verchiedenen Abdominalsegmenten angehören, so dass schliesslich seine gesammte Auffassung der hinteren Körpersegmente bei Heteropteren (und Homopteren) zu einer irrthümlichen geworden ist.

Ich gehe hier nicht auf Einzelheiten ein, sondern bemerke nur, dass, soviel sich aus meinen Untersuchungen ergeben hat, der von Verhoeff als „Annulus" oder 10. Tergit beschriebene Theil der Gymnoceraten dem 10. Tergit + 10. Sternit entspricht. Diesem Stück soll nach Verhoeff ein löffelähnlicher Theil bei Cryptoceraten entsprechen, welcher sich indessen nur als ein 11. Tergit entpuppt hat. Das 10. Sternit kommt Verhoeff zufolge bei Cryptoceraten immer vor, ich fand es dagegen gerade mehrfach rückgebildet, konnte jedoch niemals, wie Verhoeff angiebt, constatiren, dass es eine Afterklappe bildet, was vielmehr für das 11. Sterit zutreffend ist. Derjenige Theil, welcher bei den Gymnoceraten von Verhoeff als „oberes

Diademplättchen" oder als „Terminalschuppe" beschrieben ist, stellt das
11. Tergit dar. Dasselbe soll bei den Cryptoceraten kein Homologon besitzen, während es dort in Wirklichkeit sich sehr viel stärker ausgebildet
zeigt. Das „untere Diademplättchen" ist nach Verhoeff als 10. Sternit aufzufassen, es lässt sich indessen unschwer nachweisen, dass es dem 11. Sternit
angehört u. a. m.

Um meine eigenen Ergebnissen kurz zu recapituliren, so habe ich
bei Cryptoceraten und Gymnoceraten, beim Embryo wie bei
der Larve stets 11 Abdominalsegmente nachweisen können.
Zieht man die Imagines in Betracht, so ergiebt sich, wenigstens an den
von mir untersuchten Formen, zwischen Cryptoceraten und Gymnoceraten
ein recht auffallender Unterschied. Bei den ersteren zeigt sich eine ausgesprochene Neigung, die Bestandtheile des 10. Abdominalsegmentes rück-
zubilden und zu unterdrücken, während das stark chitinisirte 11. Segment,
welches die Afteröffnung enthält, in Form eines deutlich hervortretenden
Analkonus sich erhält. Nur bei der Imago von Nepa konnte ich noch
die Bestandtheile des 10. Segments nachweisen, während dieselben bei
Naucoris und Notonecta gänzlich weichhäutig geworden sind.

Gerade umgekehrt liegen die Verhältnisse bei Gymnoceraten. Hier
wird das 10. Hinterleibssegment zu einem stark chitinisirten röhrenförmigen
Gebilde („Annulus"), in dessen Tiefe die Afteröffnung liegt, welche noch
von zwei ziemlich unscheinbaren kleinen Plättchen („Diademplättchen") um-
rahmt wird. Die betreffenden Plättchen stellen die verhältnissmässig kümmer-
lichen Ueberreste des 11. Tergites und Sternites dar.

Offenbar liegt bei den Gymnoceraten die Tendenz vor, gewissermaassen zu Gunsten des 10. Segmentes, welches zum Schutz der Darm-
öffnung umgestaltet ist, das nächstfolgende, nunmehr zwecklose 11. Segment
zu unterdrücken. Letzteres ist, wie ich aus den vergleichenden Untersuchungen von Verhoeff entnehme, denn auch bei einer Anzahl von Formen
theilweise bereits erfolgt. Nach Angabe dieses Autors zeigt sich bei Antho-
coriden, Saldiden und Aradiden lediglich nur noch 1 Diademplättchen
(11. Tergit) entwickelt, während bei den Hydrometriden umgekehrt das
11. Tergit (Terminalschuppe) in Fortfall gekommen ist.

In der Auffassung der einzelnen Abschnitte, die an den Abdominalsegmenten der Heteropteren zu unterscheiden sind, habe ich mich Verhoeff nicht angeschlossen. Derselbe spricht von oberen (dorsalen) und unteren (ventralen) „Pleuren". Meine Untersuchungen haben indessen ergeben, dass es sich hier jedenfalls nicht um eigentliche Pleuralbildungen (im Sinne anderer Tracheaten) handelt, sondern nur um die gelegentlich mehr oder weniger deutlich abgegliederten Seitentheile der Rücken- bezw. Bauchplatten. Die abgetrennten Seitentheile der ersteren habe ich Paratergite, die der letzteren Parasternite genannt.

Die primäre Zusammensetzung der Abdominalsegmente ist bei den Heteropteren wie bei anderen Insecten die folgende.

Man unterscheidet ein chitinöses Tergit, ein ebenso beschaffenes Sternit und ein Paar meist häutiger Pleuren, in denen sich die Stigmen befinden.

Während bei vielen Insekten (Orthopteren) diese Zusammensetzung der Hinterleibssegmente sich dauernd erhalten kann, bilden sich bei den Heteropteren keine häutigen Pleuren aus, und Tergit und Sternit gelangen auf diese Weise in enge Verbindung, sie verschmelzen miteinander. Hierdurch wird bei den Heteropteren die Eigenthümlichkeit bedingt, dass sich später bei den Imagines und zwar hauptsächlich in den mittleren Abdominalsegmenten besondere Stücke, nämlich die oben genannten Paratergite oder Parasternite durch Nahtfurchen absetzen oder sogar vermittelst Bindehäute von den betreffenden Rücken- oder Bauchplatten abgliedern können.

Nach der Entwicklungsgeschichte zu urtheilen markiren die Stigmen noch im grossen und ganzen die ursprüngliche zwischen Rücken- und Bauchplatten vorhandene Trennungslinie. Es zeigt sich nun schon beim Embryo, dass bei den Heteropteren die Rückenplatten dominiren, sie sind sehr viel grösser als die Sternitanlagen und betheiligen sich in den meisten Fällen, indem ihr lateraler Rand ventralwärts umgeschlagen bleibt, auch an der Bildung der ventralen Rumpfwand.

Letzteres Verhalten tritt besonders klar bei den Cryptoceraten zu Tage, und gilt namentlich für die Larven derselben. Bei den Imagines ist der umgeklappte Theil der Rückenplatte meist erheblich kleiner, verschwindet auch wohl in einzelnen Segmenten vollständig (im 2.—5. Abdominalsegment von Nepa), bleibt aber gelegentlich (Notonecta) selbst dauernd durch abweichende Färbung u. s. w. erkennbar.

Bei den Imagines von Cryptoceraten (selbstverständlich habe ich hierbei in erster Linie immer die von mir untersuchten Familien im Auge) kommt es ferner zur Bildung von Parasterniten, die sich medial von dem Sternit s. str. absetzen, das Stigma in sich enthalten und lateral noch eventuell mit dem umgeklappten Theil des Tergites verwachsen sind, während sie andernfalls bis zum Körperrande reichen. Dorsalwärts können auch Paratergite auftreten (Nepa, andeutungsweise auch bei Notonecta).

Bei den Gymnoceraten ist es im allgemeinen schwerer die umgeklappten Lateraltheile der Tergite an der Ventralseite des Körpers zu erkennen, doch gelingt dies beispielsweise bei Larven von Cimex noch ziemlich leicht, da hier die betreffenden Theile durch ihre dunkle Färbung im Gegensatz zu den Sterniten sich auszeichnen. Bei den Imagines der Reduviiden (Harpactor) sind die in Rede stehenden umgeklappten Seitentheile der Tergite ventralwärts sogar durch eine Nahtfurche von den stigmentragenden Bauchplatten geschieden. Für die Imagines fast aller Gymnoceraten ist ferner das Auftreten von Paratergiten an der Dorsalseite charakteristisch, die sich daselbst durch eine Naht von dem medianen Tergit s. str. abgrenzen.

Während somit bei den Heteropteren im allgemeinen die eigentliche Grenze zwischen Rücken- und Bauchplatten, resp. zwischen den ersteren und den Parasterniten, an der Ventralseite des Körpers zu suchen ist, so machen die Lygaeiden in dieser Hinsicht eine Ausnahme, indem bei ihnen die stigmentragenden Parasternite dorsalwärts umgeklappt sind um sich an der Bildung der Rückendecke zu betheiligen.

Besondere Pleurite, d. h. selbständige Stücke, die zwischen Rücken- und Bauchplatte liegen und das Stigma umgeben, fehlen, wie aus dem oben gesagten hervorgeht, ausnahmslos in dem Abdomen der Heteropteren. Die Stigmen gelangen in diesem Körperabschnitt stets an den lateralen Rand der Bauchplatten, und, wenn sich die Lateraltheile der Bauchplatte als Parasternite absondern, natürlich in diese letzteren hinein.

Die geschilderten Verhältnisse geben sich klar und deutlich zu erkennen, sobald man bei der Untersuchung die verschiedenen Entwicklungsstadien berücksichtigt. Verhoeff, der die Morphologie der Abdominalsegmente nur bei weiblichen Imagines studirt hat, gab zwar eine eingehende Beschreibung, durch welche indessen der wahre Zusammenhang der einzelnen Theile noch in keiner Hinsicht klar gelegt wurde.

Diejenigen Abschnitte, welche von Verhoeff als „obere Pleuren" bei den Pentatomiden (und anderen Gymnoceraten) beschrieben wurden, sind Paratergite (Seitentheile der Rückenplatten), die Theile, welche von ihm mit gleichem Namen bei Lygaeiden belegt wurden, sind dagegen Parasternite (Seitentheile der Bauchplatten). Seine unteren „Pleuren" hat man bei Nepiden als Parasternite aufzufassen, während die gleichnamigen Abschnitte bei Reduviiden Paratergite darstellen, und die Verhoeff'schen „unteren Pleuren" bei Notonectiden theils zu den Paratergiten, teils zu den Parasterniten gehören. Obwohl im letztgenannten Falle Verhoeff selbst von einem „oberen und unteren Theil" der unteren Pleuren spricht, so ist doch die heterogene Natur derselben von ihm nicht erkannt worden.

IV. Homoptera.

A. Beschreibender Theil.

Als Untersuchungsmaterial verwendete ich hauptsächlich die amerikanische Cikade, Cicada septemdecim Fabr. die folgenden Angaben beziehen sich daher sämmtlich auf dieses Insekt, sofern nicht ausdrücklich andere Formen genannt sind.

Die jüngsten Stadien, welche mir zur Verfügung standen, zeigten bereits den in Folge einer dorsalen Krümmung vollständig in den Dotter eingesunkenen Keimstreifen. Letzterer ist, wie Fig. 10 erkennen lässt, nur selten ganz gerade gestreckt. In den meisten Fällen zeigt das Hinterende eine bald mehr, bald weniger deutliche spirale Krümmung um die Längsachse.

Am Vorderende des Körpers fallen zwei umfangreiche Kopflappen auf, welche sammt den an ihrem Hinterrande entspringenden Antennen dorsalwärts umgebogen sind, so dass sie bei Betrachtung von der Ventralseite nur unvollständig sichtbar sind. Das Vorkiefersegment bleibt extremitätenlos, auch die übrigen Kopf- und Rumpfsegmente sind ähnlich wie bei den Heteropteren gebildet. Im hinteren Abdominaltheil ist in dem bezeichneten Stadium die Segmentirung noch nicht vollendet.

Ein weiter fortgeschrittenes Stadium (Fig. 11) weist schon die Anlagen aller Körpersegmente und der entsprechenden Anhänge auf. Besonders auffallend ist am Kopf die Grösse des Clypeus, der zu einem helmartigen, namentlich nach vorn überhängenden Fortsatz geworden ist. Eine Oberlippe fehlt noch. Die Lage und Gestalt der Mundgliedmaassen erklärt Fig. 11 besser als es eine lange Beschreibung vermag. In Uebereinstimmung mit den Heteropteren ist auch bei Cicada an den vorderen Maxillen eine Trennung in ein laterales Stück, den Maxillenhöcker, und in einen medialen Zapfen eingetreten, welcher letzterer wieder als „Lade" gedeutet werden kann.

Eine geringfügige Differenz im Vergleich zu den Heteropteren giebt sich dagegen in der Lage der hinteren Maxillen zu erkennen. Dieselben fügen sich nämlich nicht dem vorhergehenden Kieferpaare an, sondern befinden sich auffallend weit hinten, dicht am vorderen Rande des Prothoraxsegmentes.

Schon in diesem früheren Entwicklungsstadium macht sich also die für Homopteren charakteristische Tendenz zur Verwachsung der hinteren Maxillen (Labium) mit dem Prothorax geltend, eine Eigenthümlichkeit, welche bekanntlich bereits zur Aufstellung der systematischen Gruppe der Gulaerostria (Homoptera und Phythophthires) Veranlassung gegeben hat im Gegensatz zu den Frontirostria (Heteroptera), bei welchen später das Labium vorn am Kopf inserirt.

An den Thorax schliesst sich auch bei Cicada ein deutlich elfgliedriges Abdomen an (Fig. 11). Am 1. Abdominalsegment begegnet man den Pleuropoden, welche die Form von kugeligen, aus grossen Zellen zusammengesetzten Körpern besitzen und bereits in das Innere des Keimstreifens einzusinken beginnen.

Die folgenden Abdominalsegmente zeigen paarige, wulstförmige nach der Medianseite gewendete Verdickungen (Tergitwülste), an deren Aufbau die Gliedmaassenrudimente in gleicher Weise betheiligt sind, wie dies oben für die Heteropteren beschrieben wurde. Die Tergitwülste treten im vorderen Abdominalabschnitt deutlicher hervor, während sie hinten mehr und mehr undeutlich werden. Das letzte (11.) Abdominalsegment geht in zwei nach hinten gerichtete Vorsprünge aus, welche die vordere Begrenzung für den After bilden.

Endlich ist zu erwähnen, dass in dem in Rede stehenden Stadium auch die Stigmen angelegt sind und am Meso- und Metathorax sowie den ersten 8 Abdominalsegmenten sich vorfinden.

Bei der Umrollung haben die Mandibeln und die Laden der vorderen Maxillen schon die charakteristische zapfenförmige Gestalt angenommen. Auch die Maxillarhöcker sind bei Cicada auffallend lang und gehen in eine nach hinten gerichtete Spitze aus (Fig. 35 Mxp). Endlich trifft man noch

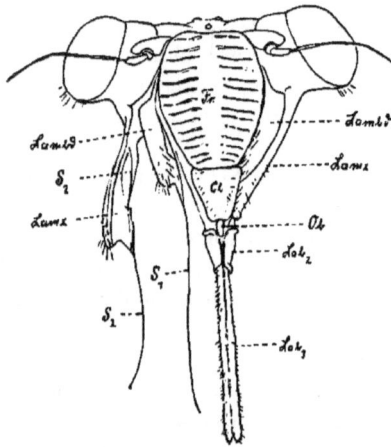

Fig. V.   Kopf von Cicada (Imago) von vorn gesehen.   Copie einer von Marlatt (95) gegebenen Figur unter Veränderung der Bezeichnungen.
Cl = Clypeus, Fr = Frons, Lab₃ (3) = 2. (3.) Labialglied, Lambd = Lamina mandibularis, Lamx = Lamina maxillaris, Ob = Labrum, S₁ = Seta mandibularis, S₂ = Seta maxillaris.

zwischen den genannten Theilen in der Medianlinie einen gleichfalls nach hinten gerichteten spiessförmigen Fortsatz an. Letzterer entspricht dem Hypopharynx, der auch bei Cicada wie bei anderen Insekten durch Auswachsen der Sternitanlagen der Kiefersegmente gebildet wird. Die hinteren

Maxillen haben sich in diesem Stadium zur Bildung des Labium an einander gelegt, an welchem schon die spätere Dreigliedrigkeit hervortritt.

Die Bildung des Kopfes und der Mundtheile vollzieht sich übereinstimmend mit der für Heteropteren angegebenen Weise. Die Abweichungen, welche sich zu erkennen geben, sind nur auf die verschieden starke Entwicklung gewisser Theile zurückzuführen. In erster Linie ist das Wachsthum der Kopflappen auffallend und der bedeutende Antheil, den sie hiermit an der Bildung des Kopfes nehmen. Aus ihnen geht der blasenartig aufgetriebene und beim Embryo wie bei der jungen Larve etwa kegelförmig gestaltete Vorderkopf hervor. Dieser Theil entspricht der Stirn, Frons, an deren Innenfläche die Pharynxmuskulatur angeheftet ist. Den embryonalen Kopflappen verdankt auch noch der Scheitel oder Vertex seinen Ursprung, mit Ausnahme der hinteren lateralen Theile, in welche die Tergite der Kiefersegmente eingeschmolzen sind, und an denen die Retractoren der Stechborsten inseriren.

An das Vorderende der Stirn schliesst sich der Clypeus an (Fig. 11 u. Fig. V Cl), durch Auswachsen des vorderen Randes des letzteren entsteht die Oberlippe, welche sich indessen bei Cicada ziemlich spät bildet und bei Larven wie Imagines relativ schwach entwickelt ist.

Die unteren Seitentheile des Kopfes werden bei den Cikaden gewöhnlich als Verlängerungen der „Wangen" oder Genae angesehn und meist auch noch als solche bezeichnet. Ontogenetisch sind sie grösstentheils auf die oben erwähnten Maxillarhöcker zurückzuführen, sie entsprechen demnach völlig den Laminae maxillares der Heteropteren und enthalten in ihrem vorderen Theile die Ansatzstellen des Musculus protractor maxillaris, der dort mit mehreren neben einander liegenden Köpfen entspringt und zur Basis der Kiefertasche zieht.

Von Interesse ist, dass die Laminae maxillares bei Cicada an ihrem distalen Ende in einen kurzen, spiessförmigen Fortsatz übergehen. Dieser Fortsatz ist bereits beim Embryo nachweisbar und ist homolog dem bei Heteropteren beschriebenen Processus maxillaris. (Buccula oder Palpus). Der Processus maxillaris der Cikaden entspringt an der Stelle, wo die maxillare Stechborste aus dem Kopf hervortritt und ist zwar nicht abgegliedert, aber doch deutlich von den Laminae maxillares abgesetzt.

An dem Cikadenkopf sind ferner noch zwei Theile bemerkenswerth, die in der Regel als „Lora" oder Zügel beschrieben werden. Bei Cicada, ähnlich wie bei den meisten übrigen Homopteren, handelt es sich um zwei halbmondförmige Platten, die an den Seitentheilen des Kopfes zwischen Frons und den Laminae maxillares eingeschaltet sind. Diese sog. Lora sind in entwicklungsgeschichtlicher Hinsicht keine ganz einheitlichen Bildungen, indem sie sowohl auf Bestandtheile des Antennensegmentes wie auf solche des Mandibelsegmentes zurückzuführen sind. Aus letzterem Umstande erklärt es sich, dass in ihr Bereich mandibulares Mesoderm zu liegen kommt, welches zu den Protractoren der mandibularen Stechborsten wird.

Da die Lora bei den Homopteren selbständige, deutlich von der Stirn abgegrenzte Sceletstücke sind und da sie in derselben Beziehung zu den Mandibeln stehen, wie die Laminae max. zu den vorderen Maxillen, so können die „Lora" entsprechend als Laminae mandibulares bezeichnet werden. Die Protractoren entspringen an der ganzen Innenfläche dieser Laminae mandibulares, sie hefteu sich dann aber nicht direkt an den Grund der Mandibulartasche an, sondern an einen scheidenartigen Chitinstab, welcher mit der chitinösen Basis der Kiefertasche verwachsen ist.

Die Entstehungsweise des Thorax habe ich bei Cicada nicht im speciellen untersucht, ich bemerke nur, dass auch hier die für Heteropteren beschriebenen Subcoxalplatten zur Entwicklung gelangen. Dieselben sind bei der Larve an der Seitenfläche des Thorax, dorsal von der Insertion der Coxen leicht zu erkennen.

Bezüglich der Bildung des Abdomens verdient erwähnt zu werden, dass die Tergitwülste, welche gerade wie bei Heteropteren zu embryonaler Zeit in den Seitentheilen der Segmente aufgetreten waren, beinahe unverändert in die Larvenperiode übernommen werden. Die paarigen wulstförmigen Verdickungen, welche an der Ventralseite des 3.—8. Abdominalsegmentes bei den jungen Cicadalarven erkennbar sind, lassen sich auf die in Rede stehenden embryonalen Bildungen zurückführen. Es kommt hierdurch an der Unterseite des Adomens eine tiefe Rinne zur Ausbildung. Tergitwülste fehlen nur in den vordersten (1.—2.) und hintersten (10.—11.) Abdominalsegmenten.

Die Gliedmaassenrudimente des 1. Abdominalsegmentes sinken voll-

kommen unter das Körperniveau ein. In den folgenden Segmenten betheiligen sich die unscheinbaren Gliedmaassenanlagen kaum an der Bildung
der Bauchplatten, indem wie bei den Heteropteren nur die unmittelbar an
das Stigma angrenzende Partie des Sternites sich auf Gliedmaassenreste
zurückführen lässt.

Gerade wie 11 Bauchplatten vorhanden sind, so lassen sich bei den
jungen Larven auf 11 typische Rückenplatten nachweisen Die geschilderte
Zusammensetzung erleidet indessen bei Cicada im Verlaufe des Larvenlebens
gewisse Veränderungen. Dieselben werden einmal durch die Ausbildung
der Gonapophysen bedingt und zweitens durch eine damit Hand in Hand
gehende Umgestaltung der hintersten Segmente.

Bei ausgewachsenen männlichen Larven von Tettigia orni L. (anderes
Material hatte ich nicht zur Verfügung) präsentirt sich namentlich das
9. und 10. Segment des Hinterleibes in abweichender Form. Das 9. Sternit
tritt nur wenig hervor und ist durch den Besitz von 2 Höckern ausgezeichnet.
das zugehörige Tergit ist dagegen ausserordentlich umfangreich geworden
und läuft hinten in einen dreieckigen Fortsatz aus, der fast bis zum
Körperende reicht. Umgekehrt verhält es sich mit dem 10. Segmente, bei
welchem die Bauchplatte buckelförmig geworden ist, während die Rückenplatte zu einer schmalen Spange reduzirt wurde, die erst durch Wegnahme
des 9. Tergites sichtbar gemacht werden kann. Das 11. Segment hat die
Gestalt eines Ringes, dessen ventrale Partie stärker als die dorsale entwickelt ist, erstere steht hinten frei vor und ist der dreieckigen Spitze des
9. Tergites opponirt.

Bei anderen Cicadiden sind ebenfalls noch in älteren Larvenstadien
die 11 Abdominalsegmente deutlich erkennbar. Zur Erläuterung verweise
ich auf Fig. 38, welche das Hinterende einer weiblichen Larve von Aphro-
phore salicis Deg. von der Ventralseite gesehen, wiedergiebt. Bemerkenswerth
sind die Tergitwülste, die bei der Aphrophoralarve an den ersten 9 Abdominalsegmenten hervortreten. Das 9. Abdominalsternit erstreckt sich bis hinter
die sogleich zu erwähnenden Gonapophysen. Das 10. Sternit besitzt hinten
zwei seitliche flügelförmige Erweiterungen, die sich deutlich von dem vorderen
Theil der 10. Bauchplatte abgrenzen, sodass hiermit eine Theilung des
10. Sternites in 2 hintereinander liegende Stücke angedeutet ist. Das

10. Tergit ist eine schmale Spange. Das ringförmige 11. Segment bildet dorsalwärts eine rundliche, die Afteröffnung von oben überdeckende Platte. Im männlichen Geschlecht ist die Segmentirung eine ganz entsprechende. Die Gonapophysen treten bei männlichen Larven als höckerartige Erhebungen im 9. Segmente auf. Bei weiblichen Individuen zeigt sich dagegen ein Gonapophysenpaar im 8., und zwei weitere nebeneinander liegende Paare im 9. Segmente, sodass die Gesammtzahl der weiblichen Geschlechtsanhänge 6 beträgt, ein Verhalten, welches in Fig. 38 veranschaulicht ist. Es ist besonders zu bemerken, dass die Gonapophysen dicht neben der Medianlinie sich erheben. Diese Lage ist deswegen von Wichtigkeit, weil sie bei Beurtheilung der morphologischen Natur der Gonapophysen in Betracht kommt. Bei dem Cicaden ist wie bei den Heteropteren nur der laterale, unmittelbar an das Stigma oder den Tergitwulst grenzende Theil der Bauchplatte auf den embryonalen Extremitätenhöcker zurückführen, während die gesammte mediane Partie des Sternites sicherlich nichts mit Gliedmaassen zu thun haben kann, ebensowenig wie dies etwa mit dem mittleren Theil eines Thoraxsternites der Fall ist. Da nun die Gonapophysen unmittelbar zu den Seiten der Medianlinie aus der mittleren Partie der Bauchplatte hervorgehen, so folgt daraus, dass die Geschlechtsanhänge den Beinen nicht homostich sind, dass sie deshalb nicht von Gliedmaassen abstammen, sondern lediglich die Bedeutung von Hypodermiserhebungen besitzen können.

Der Bau des Abdomens bei der Imago ist von mir aus Mangel an Material nicht an Cicada selbst, sondern an der nahestehenden Form Tibicina tomentosa Oliv. untersucht worden.[1]) Ich hebe nur einige wenige Punkte hervor, zumal Verhoeff (93) wenigstens für das Weibchen schon genauere Angaben gemacht hat.

Die bei Larven an der Ventralseite des Abdomens vorhandenen Tergitwülste sind bei den Imagines als solche nicht mehr zu erkennen, vielmehr sind sie hier zu Platten geworden, die medialwärts von den Sterniten durch eine Naht getrennt sind, während sie lateralwärts bis zum scharfen Körperrande reichen. Man hat diese Platten als Paratergite aufzufassen. Die Stigmen sind im Abdomen jetzt vorn am lateralen Rande der Bauch-

---

¹) Das Material habe ich Herrn Dr. W. Stempell (Greifswald) zu verdanken, der mir die betreffenden aus Kilikien stammenden Exemplare seiner Sammlung überlassen hat.

platten anzutreffen. Das 8. und 9. Segment beim Weibchen, sowie das 9. und 10. Segment des Männchens sind ferner durch die Entwicklung der äusseren Genitalien charakterisirt.

Die Gestalt des 10. Segmentes beim Weibchen beschreibt Verhoeff folgendermaassen: „Auch bei den Cicadiden reichen die Flanken der 10. Dorsalplatte weit hinab, ohne jedoch in der Ventralmediane zu verschmelzen." Verhoeff nennt nicht die von ihm untersuchte Cicadenart, so dass eine Controlle nicht möglich ist. Bei der von mir untersuchten Tibicina bildet aber jedenfalls das 10. Abdominalsegment im weiblichen Geschlecht einen vollständigen Ring. Im männlichen Geschlecht ist das ebenfalls ringförmig gestaltete 10. Segment ventralwärts mit dem langen penisartigen Kopulationsanhang verbunden.

Die Bestandtheile des 11. Abdominalsegmentes sind bei beiden Geschlechtern von Tibicina auch im imaginalen Zustande noch sehr deutlich ausgebildet und zwar unterscheidet man ein dorsales unpaares Stück, zwei kleine laterale und schliesslich noch einen verhältnissmässig grossen unpaaren ventralen Theil. Die genannten vier Stücke sind stark chitinisirt und durch dünnhäutige Particen von einander geschieden. Ihre Gestalt und Lage ist in Fig. 25 dargestellt.

Die unpaaren Stücke wird man unzweifelhaft als ein 11. Tergit und Sternit ansprechen können, zumal die gleichen Theile auch bei Heteropteren entwickelt sind. Die beiden paarigen Platten lassen sich entwicklungsgeschichtlich auf die lateralen Theile der ventralen Partie des 11. larvalen Abdominalringes zurückführen, sie können demnach als Parasternite bezeichnet werden.

Verhoeff hat die soeben erwähnten Theile zwar genau beschrieben, sie jedoch in einer nicht zutreffenden Weise gedeutet, indem er vor allem das 11. Sternit für das 10. hält. Das 11. Tergit bezeichnet er als „Terminalfilum" und die Parasternite werden von ihm als „Cerci" bezeichnet. Hinsichtlich des letzteren Punktes, auf welchen Verhoeff vom theoretischen Standpunkt aus ein grösseres Gewicht legt, verweise ich auf den folgenden Abschnitt.

Nach Beschreibung der Körperbildung von Cicada septemdecim habe ich noch zu erwähnen, dass sämmtliche von mir untersuchte Eier dieses Insects ein eigenthümliches Gebilde im Innern enthielten. Dasselbe ist von eiförmiger Gestalt und befindet sich bei jungen Eiern, d. h. solchen die sieh noch im Blastodermstadium befinden, dicht unterhalb des hinteren Eipoles im Eidotter vor (Fig. VI). Das fragliche eiförmige Gebilde setzt sich aus einer grossen Masse kleiner Kügelchen oder Körnchen zusammen, die vollkommen homogen erscheinen und sich mit den gebräuchlichen Kerntinktionsmitteln (Hämatoxylin, Karminfarbstoffe) nicht färben lassen. Zwischen den kleinen sind einige etwas grössere Körner von polygonaler Gestalt eingestreut. Die ganze Masse, welche den Eindruck einer feinkörnigen Dottersubstanz macht, ist endlich noch von einer sehr zarten Membran umgeben, durch welche die äussere Begrenzung gegen den Nahrungsdotter gebildet wird.

Bezüglich der Herkunft dieser Membran glaube ich nicht fehl zu gehen, wenn ich sie als ein Derivat des den Nahrungsdotter durchsetzenden plasmatischen Netzwerkes betrachte. Sie entspricht demnach der Membrana vitellina. Gerade wie letztere den Nahrungsdotter nach aussen hin begrenzt, so wird der Dotter durch eine entsprechende Membran auch an dem directen Contact mit der Körnchenmasse gehindert. Man erkennt leicht, dass einige Dotterzellen sich an die Oberfläche der Membran

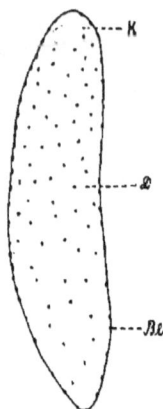

Fig. VI.
Ei von Cicada septemdecim.
Bl = Blastoderm, D = Dotter,
K = Körnchenmasse.

anlegen und sich auf derselben ausbreiten, so dass die Körnchenmasse hiermit eine äussere zellige Bekleidung erhält.

In etwas späteren Stadien trifft man die Körnchenmasse nicht mehr am Hinterende des Cicadaeies, sondern in der Nähe seines vorderen Eipoles an. Es handelt sich hierbei offenbar um eine rein passive Verschiebung. Der Transport bis zur genannten Stelle wird durch den Keimstreifen bewirkt, dessen Hinterende sich um die Körnchenmasse krümmt und diese in den Nahrungsdotter mit hineinzieht. Von diesem Zeitpunkt an bleibt das Gebilde mit dem Hinterende des sich entwickelnden Cicadaembryo in Zusammenhang und liegt zunächst an dem proximalen blinden Ende des Enddarmes.

Bei der Umrollung wird die Körnchenmasse aus dem Dotter herausgezogen und in den hinteren Theil des Abdomens eingeschlossen. Zu dieser Zeit vollzieht sich auch eine wesentliche Veränderung. Zunächst erfolgt eine Theilung der ganzen Masse in zwei gleiche Hälften, die sich symmetrisch auf die beiden Körperseiten des Embryo vertheilen. Sie sind hierbei zwischen dem Enddarm und den dorsoventralen Muskelzügen eingeschlossen (Fig. 23 K), und ihre Längsachse ist parallel zu derjenigen des Embryo gerichtet.

Während die Theilung sich vollzieht, wandern Zellen aus der Fettkörperanlage in die Körnchenmasse ein und vertheilen sich daselbst zwischen den im Innern liegenden Körnchen und Kügelchen, andere Zellen bleiben auch auf der Oberfläche der Körnchenmasse zurück.

Bei etwa einer Woche alten Larven von Cicada lassen die in Rede stehenden Gebilde keine wesentliche Veränderung, abgesehen von einer geringen Zunahme der im Innern befindlichen (Fettkörper-) Zellen, erkennen. Die weitere Entwicklung konnte von mir nicht verfolgt werden, weil die jungen Cicadalarven abstarben.

Es ist mir nicht möglich, eine positive Ansicht über die Natur der beschriebenen Körnchen zu geben. Zu einer sicheren Beurtheilung wurden durchaus Untersuchungen an frischem Material, namentlich an älteren Larven und Imagines des betreffenden Insectes nothwendig sein, die mir nicht zur Verfügung standen. So viel scheint indessen festzustehen, dass es sich bei der Körnchenmasse um ein normal im Eidotter vorkommendes Einschlussgebilde handelt, welches möglicherweise dann erst später bei der Larve zur Resorption gelangt. Ein Vergleich mit den bereits bei verschiedenen Insecten beobachteten und auch von mir (95 a) bei mehreren Blattidenspecies beschriebenen bacterienartigen Körperchen dürfte wegen der durchaus abweichenden Gestalt derselben wohl kaum möglich sein, obwohl diese letzteren bekanntlich ebenfalls unmittelbar durch Vererbung übertragen werden, indem sie in den Dotter des unreifen Eies und später aus diesem in das Fettkörpergewebe des jungen Thieres gelangen. Ich bemerke hierzu, das ich in Ovarialeiern von Tibicina tomentosa die fraglichen Einschlussgebilde bereits constatiren konnte, so dass wenigstens hinsichtlich des frühzeitigen Auftretens thatsächlich ähnliche Verhältnisse wie bei den Blattiden obzuwalten scheinen. Da jedoch bei dem Erhaltungszustand meiner Cikadaeier die Anwendung feinerer Untersuchungsmethoden ergebnisslos blieb, so muss die Entscheidung späteren Untersuchungen an günstigerem Materiale überlassen bleiben.

B. Uebersicht über die früheren Ergebnisse.

Die Structur der Mundtheile und die Zusammensetzung des Kopfes ist gerade bei den Cikaden schon verhältnissmässig seit langer Zeit bekannt und durch Wort und Bild erläutert worden. Letzteres ist erklärlich, da es sich bei diesen Thieren meist um grosse und der Untersuchung leicht zugängliche Formen handelt.

Von den älteren Autoren sind besonders Burmeister (39) und Westwood (40) zu nennen Namentlich der erstere hat eine genaue, auch mit Abbildungen versehene Darstellung von den Kiefern und der dazu gehörenden Muskulatur bei der Cikade gegeben. Ich kann die Burmeister'schen Angaben, soweit sie die Muskeln der Mandibeln betreffen, vollkommen bestätigen und verweise in dieser Hinsicht auf das oben Gesagte.

Die Protractormuskeln der maxillaren Stechborsten sind aber von Burmeister in einer nicht ganz zutreffenden, zum mindesten in einer nicht verständlichen Weise geschildert worden. Er sagt: „Der Senker (Protractor) entspringt theils von einem an der Aussenecke der Grundplatte befindlichen Fortsatz, theils von einem Hornstück, das mit der Grundplatte (Basis der Kiefertasche) gelenkt und frei nach aussen hervorragt." Es handelt sich hier jedoch nicht um einen Senker, sondern um zwei verschiedenartige Muskeln. Der zuerst erwähnte ist der eigentliche Protractor maxillaris, dessen Verlauf ich oben beschrieben habe. Der andere Muskel entspringt nicht an dem Chitinstab (Hornstück) wie Burmeister angiebt, sondern unmittelbar neben demselben an der Innenfläche der Lamina maxillaris, von dort zieht er in schrägem Verlaufe nach vorn zur Ventralfläche der chitinösen Scheide, welche mit der Mandibulartasche zusammenhängt. Kontrahirt sich dieser letztere Muskel, so wird einerseits die Lamina maxillaris etwas gehoben und ferner durch den erwähnten Chitinstab, welcher an seinem proximalen gabelförmigen Ende mit der Maxillartasche zusammenhängt, die maxillare Kiefertasche nebst ihrer Stechborste etwas nach vorn verschoben. Dieser Muskel von dem ich ein Homologon bei den Heteropteren nicht angetroffen habe, unterstützt also noch das hauptsächlich aber durch den oben beschriebenen Protractor bewirkte Hervorstossen der maxillaren Stechborsten.

In neuerer Zeit hat die Morphologie des Kopfes von Cicada septemdecim durch den bekannten amerikanischen Entomologen Marlatt (95, 98) eine sorgfältige Beschreibung gefunden. Marlatt bestätigt im wesentlichen die älteren Angaben und weist mit Recht eine von Smith (92) gegebene Deutung der Homopterenmundtheile als irrig zurück.

Die wichtigsten Ergebnisse von Marlatt sind die folgenden: Das Schädeldach wird gebildet vom Clypeus, an den sich vorn eine zweigliedrige Oberlippe anschliesst. An den Seitentheilen des Kopfes befinden sich die Mandibeln und Maxillen, und zwar unterscheidet Marlatt an jeder derselben einen äusseren Theil, sclerite, und einen inneren, die Stechborste oder Seta, die mit einer „bulbous, fleshy expansion" beginnt.

In der Deutung der Sceletstücke an der Oberseite des Kopfes kann ich Marlatt nicht ganz folgen, indem der von ihm als Clypeus beschriebene Theil der Stirn anderer Insekten homolog ist und daher als Frons bezeichnet werden muss, während der basale Theil der von Marlatt beschriebenen Oberlippe den Namen Clypeus verdient.

Der Zusammenhang zwischen den Stechborsten und gewissen äusseren Kopfbestandtheilen ist von dem amerikanischen Forscher richtig erkannt worden, ohne dass freilich hierbei die in erster Linie wichtige Anordnung der Muskulatur berücksichtigt wurde. Eine morphologische Erklärung der Cikadenmundtheile und einen Vergleich derselben mit den Mundtheilen anderer Insekten hat Marlatt nicht gegeben. In dem allgemeinen Theil der vorliegenden Abhandlung werden diese Verhältnisse besprochen werden.

Die Mundwerkzeuge der Cikaden hat endlich auch Chatin (97) berücksichtigt. Letzterer deutet das von mir Processus maxillaris genannte Gebilde als Palpus.

Die Körpersegmentirung ist bei den Cikaden von Verhoeff (93) studirt worden, welcher namentlich die Gliederung des weiblichen Abdomens untersucht hat. In drei wesentlichen Punkten bin ich indessen zu anderen Resultaten wie der genannte Autor gelangt. Diese Punkte betreffen 1. die Zahl und Zusammensetzung der Körpersegmente 2. die Zahl der Gonapophysen und 3. das angebliche Vorhandensein von Cerci bei den Cikaden.

Da Verhoeff die Zehngliedrigkeit des Insektenabdomens für die typische hält, so hat er auch bei den Homopteren 10 Hinterleibssegmente
nachzuweisen versucht, obwohl gerade bei diesen Insekten vom Embryo bis
zur Imago hinauf die thatsächliche Elfgliedrigkeit des Abdomens nicht
schwer erkennbar ist. Ich habe letzteres Verhalten im vorigen Abschnitt
bereits ausführlich hervorgehoben, so dass ich hier nicht mehr darauf einzugehen brauche.

Hinsichtlich der Zusammensetzung der Abdominalsegmente habe ich
zu bemerken, dass die oben von mir Paratergite genannten Stücke, bereits
von Verhoeff unter dem Namen Pleuren beschrieben worden sind. Diese
Paratergite sind bei den Cikaden abgesonderte Seitentheile der Rückenplatten. Die Aufgabe der Verhoeff'schen Nomenklatur und die Anwendung
einer präcisen Benennungsweise wird nun deswegen erforderlich, weil Verhoeff
auch gewisse Theile bei Fulgoriden als Pleuren angesehen und als solche
beschrieben hat, die im Gegensatz zu den eben erwähnten Paratergiten
jedoch abgegliederte Abschnitte der Bauchplatten sind und morphologisch
demnach als Parasternite aufgefasst werden müssen. Bezüglich des zweiten
Punktes (Zahl der Gonapophysen) ist zu erwähnen, dass Verhoeff an dem
9. Abdominalsegmente weiblicher Cikaden sogenannte Styloide beschreibt.
Offenbar ist es ihm hierbei aber entgangen, dass diese Styloide die gleichen
Gebilde sind, welche er schon bei gewissen Wasserwanzen mit dem Namen
„Pseudostyli" belegt hatte.

Man wird diese Namen, durch welche leicht eine Confusion entstehen kann,[1]) am besten fallen lassen, denn die Styloide der Cikaden sind
wie die Pseudostyli der Cryptoceraten nur die lateralen Gonapophysen des
9. Abdominalsegmentes. Dieselben sind bei der Larve oben von mir beschrieben worden. Die betreffenden Gonapophysen betheiligen sich indessen
später nicht wie die medialen Gonapophysen des 9. Segmentes an der Herstellung
des Legestachels, sondern sie bilden bei Cicada, indem sie sich aneinanderlegen,
eine Art Futteral, welches die distale Partie des Legestachels aufnehmen kann.

Den weiblichen Cikaden kommen also nicht wie von Verhoeff angegeben wurde 2, sondern 3 Paar von Geschlechtsanhängen zu.

---

[1]) Die Verwirrung wird dadurch noch erheblich grösser, dass Verhoeff bei den
Wasserwanzen ausser den Pseudostyli auch noch Styloide beschreibt.

Eine eingehendere Besprechung verlangt endlich noch das von Verhoeff angegebene Vorhandensein von „deutlichen und unzweifelhaften Resten von Cerci bei Cikaden". Als solche werden von dem genannten Forscher zwei laterale Stücke des Endsegmentes bezeichnet, welche ich oben als die Parasternite des 11. Abdominalsegmentes beschrieben habe.

Wenn ich in dieser Hinsicht der Verhoeff'schen Auffassung ebenfalls nicht zu folgen vermag, so liegt es mir doch jedenfalls vollkommen fern die Verhoeff'sche Meinung etwa direct als unrichtig hinstellen zu wollen, denn es lässt sich nicht verkennen, dass die Parasternite des 11. Abdominalsegmentes bei den Cikaden in ihrer Lage mit den Cerci anderer Insekten übereinstimmen, sodass in dieser Hinsicht wenigstens ein Vergleich immerhin berechtigt wäre.

Eine andere Frage ist es jedoch, ob die erwähnten Parasternite nun auch wirklich als rudimentär gewordene ehemalige Cerci anzusehen sind, oder ob sie nicht lediglich einer secundär eingetretenen Gliederung der Bauchplatte ihren Ursprung verdanken.

Die bei niederen Insekten vorkommenden Cerci sind mehr oder weniger deutlich abgegliederte Fortsätze, welche im Innern eine Höhle zur Aufnahme von Blutflüssigkeit, von Nerven etc. enthalten. Bei den fraglichen Theilen der Cikaden (Tibicina) ist hiervon aber keine Spur zu bemerken, sondern es handelt sich bei diesen eben lediglich um einfache Chitinplatten, die am Hinterende des Körpers liegen und natürlicherweise der Wölbung desselben entsprechend, eine convexe Aussenfläche besitzen. Die Cerci der Insekten hat man in morphologischer Hinsicht bekanntlich als umgewandelte Extremitäten aufzufassen. Gliedmaassen treten jedoch an dem in Rede stehenden 11. Segmente der Cikaden überhaupt nicht, weder während der embryonalen, noch während der postembryonalen Entwicklung hervor. Dagegen lässt sich der Nachweis führen, dass die Parasternite lediglich vermittelst Abgliederung von der mit einem Sternit zu vergleichenden ventralen Partie des larvalen 11. Segmentes entstehen.

Würde es sich thatsächlich bei den Cikaden um Ueberreste von Cerci handeln, so würde man ferner erwarten können, diese Gebilde bei irgend einem anderen Homopter wenigstens noch in ähnlicher, vielleicht sogar in besserer Weise entwickelt zu sehen. Dies scheint aber nicht der Fall zu

55*

sein. Verhoeff meint zwar, das bei Jassiden und Cercopiden durch die
10. Bauchplatte „schwache Höcker hindurchschimmern", die er als Ueberreste von Cerci auffassen möchte. Meine eigenen Untersuchungen haben
aber in dieser Hinsicht zu einem negativen Ergebniss geführt, bei Aphrophora fand ich nicht die geringsten Anhaltspunkte, die für das ehemalige
Vorhandensein cerciartiger Bildungen sprechen könnten.

Die lateralen Parasternite des 11. Segmentes scheinen lediglich bei
der Familie der Cicadiden vorzukommen. Ihre Abtrennung vom medianen
Theil des zugehörigen Sternites dürfte wohl allein durch physiologische
Gründe (grössere Dilatationsfähigkeit des Afters) verständlich zu machen
sein, ohne dass man dabei an die Vererbung von verkümmerten Schwanz-
fäden thysanuren- oder orthopterenartiger Vorfahren zu denken braucht.

Mein Ergebniss fasse ich dahin zusammen, dass, soviel
man bisher weiss, bei den Homopteren weder Cerci vorkommen
noch Gebilde vorhanden sind, die sich mit einiger Wahrschein-
lichkeit als Rudimente von Cerci deuten lassen.

V. Phytophthires.

Als Vertreter des Phytophthires wählte ich Dryobius roboris L.[1])
Ich habe mich jedoch darauf beschränkt an dieser Form nur einige anatomische Beobachtungen anzustellen, weil einerseits der Körperbau der
Blattläuse bereits ziemlich genau untersucht ist, und auch die Entwicklungsgeschichte der Phytophthiren durch die Arbeiten von Metschnikoff (66)
besonders aber durch diejenigen von Witlaczil (82, 84) schon hinlänglich
bekannt geworden ist.

Betrachtet man den Kopf von Dryobius, so fällt sogleich der blasig
aufgetriebene Vorderkopf auf, welcher vor dem die Antennen und Augen
tragenden Scheitel liegt. Dieser Vorderkopf ist homolog der Stirn der

---

[1]) Das Material sammelte ich in der Gorge du Chaudron bei Montreux, und zwar
wurde die ungeflügelte Art von mir nach Altum (78) als Lachnus exsiccator Alt. bestimmt. Im
Anschluss an Mordwilko (Arbeit. Zoolog. Labor. Univ. Warschau 1896, cf. Zoolog. Centralblatt
1897 p. 253) betrachte ich aber L. exsiccator als identisch mit Dryobius roboris und wende
deshalb diesen älteren Namen an.

Cikaden und kann daher wieder als Frons bezeichnet werden. An die Stirn schliesst sich vorn der Clypeus und an letzteren das Labrum an.

Während bei den Cikaden die Stirn lediglich auf die Oberseite des Kopfes beschränkt bleibt, so besitzt sie bei Dryobius zwei seitliche Erweiterungen, die an der lateralen Begrenzung des Kopfes sich betheiligen (Fig. 19 lu). Unter und vor diesen Erweiterungen trifft man zwei grosse und wohl umgrenzte Chitinplatten an, die bis zur Seite des Clypeus reichen. Diese Chitinplatten (Fig. 19 Lamx) sind hinten schmaler und besitzen vorn einen breiten abgerundeten Rand.

Die Deutung der genannten Theile ist nicht schwierig. Die seitlichen Erweiterungen der Stirn entsprechen den Laminae mandibulares der Cikaden (und den Iuga der Heteropteren) während die ventral von ihnen befindlichen abgegrenzten Chitinplatten den oben bei Homopteren und Heteropteren von mir beschriebenen Laminae maxillares homolog sind. Etwas der Medianlinie genähert geht am Vorderende jeder Laminae maxillaris ein spiessförmiger Fortsatz aus, der als Processus maxillaris zu deuten ist und daher wieder als Tasterrudiment aufgefasst werden kann.

Dass die soeben gegebene Deutung eine zutreffende ist, geht wieder aus der Anordnung der Muskulatur hervor. Von dem ventralen Theil der seitlichen Stirnfortsätze oder Laminae mandibulares, dort wo dieselben an die Laminae maxillares grenzen, entspringt ein zartes etwas abgeplattetes Muskelbündel. Letzteres stellt den für das Hervorstossen der mandibularen Stechborsten bestimmten Protractor dar, der sich, soviel ich ermitteln konnte, an einen mit den letzteren in Zusammenhang stehenden Chitinhebel anheftet. Die Protractoren der maxillaren Stechborsten entspringen dagegen von der vorderen ventralen Partie der Laminae maxillares und gehen direkt zum Grunde der Maxillentasche. Selbstverständlich sind für beide Stechborstenpaare auch besondere Retractoren vorhanden.

Das Labium von Dryobius ist ebenfalls in Fig. 19 dargestellt. Besonders bemerkenswerth ist seine Zusammensetzung aus 4 Gliedern. Die Artikulation zwischen dem 1. und 2. Gliede unterscheidet sich insofern von derjenigen der folgenden Glieder, als das 2. Labialglied mittelst eines kolbenförmigen Fortsatzes in das basale Glied eingelassen ist. Wenn es hiernach auch nicht ausgeschlossen ist, dass in diesem Falle das basale Glied nicht

eigentlich zum Labium hinzugehört, sondern eine Verlängerung des Rumpfes
darstellt, so ist doch andererseits wieder zu berücksichtigen, dass das basale
Glied sehr scharf und deutlich von dem Körper abgesetzt ist.

Aus diesen Beobachtungen ergiebt sich, dass der hier besprochene
Repräsentant der Phytophthiren gewissermaassen eine Mittelstufe zwischen
Heteropteren und Homopteren (Cikaden) einnimmt. Wie bei den ersteren
sind die zur Insertion der mandibularen Protractoren bestimmten Theile mit
der Stirn verschmolzen, obwohl sie noch deutlich als laterale Auswüchse
(Laminae mandibulares) derselben erscheinen. Wie bei den Homopteren
dagegen finden sich die Laminae maxillares als selbständige Platten an den
Seiten des Kopfes vor.

Der in den vorstehenden Mittheilungen skizzirte Bau der Dryobius-
mundtheile stimmt im wesentlichen mit den von Mordwilko im Zoologischen
Anzeiger (95) veröffentlichten Angaben überein. Mordwilko beschreibt daselbst, dass die Mundöffnung von Trama troglodytes Heyden von den Seiten
und von unten her „durch besondere Fortsätze des Vorderkopfes" verdeckt
werde. Diese Fortsätze entsprechen, wie aus der vom Autor beigegebenen
Abbildung leicht zu entnehmen ist, den oben erwähnten Laminae maxillares
und Processus maxillares. Mordwilko macht im Anschluss hieran ferner
die Mittheilung, dass sich an die Seiten- und Vorderränder der erwähnten
Fortsätze des Vorderkopfes die Muskeln, Protractores der Kieferborsten,
anheften. Diese Beobachtung ist insofern zutreffend, als, wie oben von mir
angegeben wurde, die Laminae maxillares thatsächlich die Insertionsfläche
für die Protractoren der Maxillen abgeben. Die mandibularen Protractoren
gehen dagegen nicht von den Laminae maxillares aus, sondern entspringen,
wie bereits gesagt, an den lateralen Erweiterungen der Stirn (Laminae
mandibulares.)

Die entwicklungsgeschichtlichen Untersuchungen, die Witlaczil (82, 84)
an einigen Aphiden, besonders an Aphis pelargonii Kalt. sowie an Chaitophorus populi L. angestellt hat, tragen ebenfalls durchaus zur Bestätigung
der von mir gegebenen morphologischen Erklärung bei. Witlaczil beschreibt
nämlich das Auftreten von besonderen „Maxillartastern" an den embryonalen

Maxillen, dieselben legen sich später jederseits an den Vorderkopf an, um mit letzteren zu verwachsen. Ich bemerke, dass ich diese Angaben an Embryonen von Siphonophora rosae L. kontrollirt habe und an den vorderen Maxillen das Auftreten eines -Maxillarhöckers konstatiren konnte, welcher nicht allein dem -Maxillartaster" Witlaczils entspricht, sondern auch den oben beschriebenen Maxillarhöckern der Heteropteren und Homopteren vollständig homolog ist. Auch die Witlaczil'sche Angabe, dass dieses Gebilde mit dem Vorderkopf verwächst und die Seitentheile desselben bildet, worauf auch Mordwilko aufmerksam macht, habe ich durch eigene Befunde bestätigt gefunden.

Gerade wie bei den Homopteren und Heteropteren, so liefert auch bei den Phytophthiren der Maxillarhöcker die Lamina maxillaris sammt ihrer vorderen Verlängerung, dem Processus maxillaris.

Es geht hieraus hervor, dass die Mundwerkzeuge der Phytophthiren in der gleichen Weise wie diejenigen anderer Rhynchoten angelegt werden, und dass auch an dem Kopfe ausgebildeter Aphiden die einzelnen Bestandtheile sich ohne Schwierigkeit mit den Theilen des Kopfes von Heteropteren und Homopteren homologisiren lassen.

Bezüglich der Bildung des Abdomens bemerke ich nur, dass nach Witlaczil (84) die definitive Zahl der Hinterleibssegmente bei den Phytophthiren 10 betragen soll. Da bei anderen Rhynchoten das Vorhandensein von 11 Segmenten von mir constatirt worden ist, so ist es nicht unwahrscheinlich, dass auch bei den Embryonen der Pflanzenläuse die primär angelegte Zahl der Hinterleibssegmente 11 beträgt. Es ist dies indessen eine Frage, die sich nur auf vergleichendem Wege und an der Hand eines grösseren Materials als mir zur Verfügung stand, lösen lässt.

VI. Allgemeiner Theil.

A. Ueber die Organisation der Rhynchoten.

War es auch schon seit langer Zeit bekannt, dass in dem Körperbau der verschiedenen Rhynchoten untereinander eine ziemlich weitgehende Aehnlichkeit zu Tage tritt, so können die in dieser Arbeit mitgetheilten entwicklungsgeschichtlichen und vergleichend-anatomischen Befunde doch noch als weitere Belege hierfür dienen. In der embryonalen Segmentirung, in der Differenzirung der ursprünglich angelegten Mundtheile und in der Gestaltung der Thorax- und Abdominalsegmente zeigt sich bei Heteropteren und Homopteren eine Uebereinstimmung, die geradezu auffallend erscheint. Auch die Phytoph- thiren schliessen sich im Bauplan ihres Körpers dem allgemeinen Schema unverkennbar an, wenngleich bekanntlich gerade in dieser Gruppe vielfach Modifikationen einzutreten pflegen, die oft sogar zu extremen Umgestaltungen führen können.

Die Rhynchoten stellen somit eine durch bestimmte Eigenthümlich- keiten wohl charakterisirte, in sich abgeschlossene Insektenabtheilung dar. Die Schwierigkeit beruht hauptsächlich darin, die einzelnen Bestandtheile des Rhynchotenkörpers auf die entsprechenden Theile anderer Insekten zu beziehen. Die entwicklungsgeschichtliche Untersuchungsmethode vermag indessen gerade in dieser Hinsicht zur Klärung etwas beizutragen. Ich gehe zunächst auf den Kopf und seine Anhänge ein, weil besonders in der Deutung dieser Theile noch gegenwärtig die grössten Kontroversen herrschen.

In seiner Arbeit über die Hemipterenmundtheile spricht sich Marlatt folgendermaassen aus: The striking similarity between the upper and lower jaws discourages the applying of names to the parts in the maxilla which, in the biting insects, are known only in the maxilla, and in this case would have to apply to both jaws. Diese Aeusserung kennzeichnet die Schwierigkeit des Vergleiches zur Genüge, denn man kennt in der That keine andere Insektengruppe, wo Mandibeln und Maxillen so konform wie bei den Schnabelkerfen sind.

Die Entwicklungsgeschichte hat nun gezeigt, dass der herkömmlich bisher als Maxille bezeichnete Theil bei den Rhynchoten in Wirklichkeit nur der Lade (Lobus internus) der vorderen Maxillen entspricht. Bei allen von mir untersuchten Rhynchoten kommt es während der Embryonalzeit zu einer Theilung der primären vorderen Maxillen in ein kleines mediales und ein grösseres laterales Stück. Das erstere Stück sinkt als „Lade" gerade wie die Mandibel in die Tiefe, das letztere, der eigentliche Maxillenstamm, wird rudimentär und betheiligt sich an der Bildung der Kopfwandung. Es ist also nicht richtig, bei den Rhynchoten die Mandibeln mit den Maxillen in toto zu vergleichen, die ersteren entsprechen eben nur der Innenlade der letzteren.

Die morphologische Beziehung zwischen Lade und Stammtheil an den Kiefern der Insekten dürfte sich meiner Auffassung nach etwa folgendermaassen erklären lassen. Die Entwicklungsgeschichte niederer Insekten besonders der Thysanuren (Lepisma) und Orthopteren (Gryllotalpa) deutet darauf hin, dass den Laden im Vergleich zu den übrigen Theilen des Kiefers verhältnissmässig eine geringere morphologische Wichtigkeit zukommt. Die Laden treten erst nach Anlage des Maxillenstammes auf und erscheinen relativ spät als Ausstülpung medialwärts an der Basis desselben. Als die direkte Fortsetzung und Verlängerung des Maxillenstammes hat man nicht die Laden, vielmehr den Palpus anzusehen. Der letztere erinnert bei den genannten Insektenembryonen in Gestalt und Habitus durchaus an den distalen Abschnitt eines Thoraxbeines. Es liegt sehr nahe, ihn mit demselben zu vergleichen und in dem mit dem Stamm (Cardo, Stipes) vereinigten Palpus überhaupt die primären Bestandtheile der Kopfextremität zu erblicken. Die Lobi stellen dagegen phyletisch jüngere Gebilde dar, die vermuthlich ursprünglich die Form von Kaufortsätzen besassen. Ich habe bereits in einer früheren Arbeit (97) die Lobi der Insektenmaxillen mit den Coxalfortsätzen der Mundgliedmaassen von Limuliden und Scorpionen verglichen. Wenn man auch bei den Insekten die Laden nicht als eigentliche Coxalfortsätze oder als Anhänge des Basalgliedes deuten kann, und eine eigentliche Homologie mit den genannten Gebilden der Arachnoiden selbstverständlich nicht vorliegt, so sprechen doch jedenfalls die embryologischen Befunde dafür, dass die Laden bei den Insekten ursprünglich eine den Coxalfortsätzen anderer Thiere ähnliche Gestalt und Funktion gehabt haben mögen.

Hierfür spricht auch der Umstand, dass gerade an den vorderen Maxillen niederer Insekten mit kauenden Mundtheilen (Orthopteren, Dermapteren und auch noch manche Hymenopteren) die Palpen entschieden eine dominirende Stellung einnehmen. Erst bei höheren Insekten treten, wie dies namentlich Chatin (97) durch vergleichende Untersuchungen klar gezeigt hat,[1]) die Lobi (namentlich die Aussenladen) mehr und mehr in den Vorder-

---

[1]) Wenn Chatin die Ansicht ausspricht „que le palpe n'est, à tout prendre, qu'un organe secondaire", so beruht dies eben darauf, dass dieser Autor gerade das Verhalten bei

grund, während der Taster verkümmert und schliesslich, z. B. bei manchen Insekten mit saugenden Mundtheilen, dann gänzlich verschwindet. Hiermit ist dann der Endpunkt der phylogenetischen Entwicklungsreihe erreicht worden.

Die Entstehung der Palpen bei den Insekten hätte man sich demnach also möglicherweise derartig zu erklären, dass mit der stärkeren und kräftigeren Ausbildung, welche die Kaufortsätze oder Laden im Laufe der Zeit erlangten, eine allmähliche Reduktion der Endglieder des Extremitätenstammes vor sich gegangen ist, welche schliesslich zu einem einfachen Taster degradirt wurden, unter Aufhebung ihrer ursprünglichen lokomotorischen Bedeutung.

An dem vordersten Kieferpaare, den Mandibeln, dürfte dieser Entwicklungsverlauf am weitesten bereits fortgeschritten sein. Hier ist der gesammte distale Abschnitt des Extremitätenstammes überhaupt zu Grunde gegangen, und es hat sich nur ein allerdings um so grösserer und kräftigerer Kaufortsatz erhalten. Die Mandibel würde demgemäss also im wesentlichen nur noch die morphologische Bedeutung einer „Lade" besitzen.

Betrachtet man nach diesen theoretischen Erörterungen, welche bei dem gegenwärtigen Stande unserer Kenntnisse natürlich nicht mehr als einen rein hypothetischen Werth beanspruchen dürfen, die Mundtheile der Rhynchoten, so ist es nicht schwer das Verständniss für die ganz übereinstimmende Ausbildung der Mandibeln und Maxillenlobi zu finden. Die ersteren können nach dem Gesagten eben nur mit Laden verglichen werden. Auch in dem Einsinken von Mandibeln und Maxillenlobi in tiefe Kiefertaschen und in der damit in Zusammenhang stehenden Ausscheidung von Stechborsten (Setae) kann ein prinzipieller Unterschied zwischen Rhynchoten und anderen Insekten nicht erblickt werden. Ein ähnliches, wenn auch keineswegs so

den Insekten im Allgemeinen ins Auge fasste, und auch die mit saugenden Mundwerkzeugen versehenen extremen Formen (Lepidopteren, Dipteren etc.) in vollem Umfange hierbei in Betracht gezogen hat. Basirt man dagegen die morphologische Beurtheilung in erster Linie auf anatomische und ontogenetische Thatsachen bei niederen Insektentypen, so wird man kaum umhin können, in dem Palpus maxillaris die eigentliche „pièce directrice" des Kiefers zu erblicken. Untersuchungen an den Mundtheilen der Chilopoden, die ich demnächst zu veröffentlichen gedenke, haben mich zu ganz entsprechenden Ergebnissen geführt.

weitgehendes Zurückziehen der Kiefer kommt auch bei anderen Insektenformen z. B. bei entognathen Thysanuren vor.

Von grosser Wichtigkeit scheint mir aber ein anderer Umstand zu
sein, welcher bisher sowohl bei Homopteren (Cikaden) wie bei Heteropteren
gänzlich unbekannt geblieben war, nämlich die bei den vorderen Maxillen
sich vollziehende Abtrennung des eigentlichen Maxillenstammes, welcher
sich an der Bildung des Schädelsceletos betheiligt. Den abgetrennten
Maxillenstamm betrachte ich als dem Lobus externus + Palpus maxillaris
anderer Insekten homolog. Eine derartige Verwendung der genannten
Theile steht allerdings sehr exceptionell da, lässt sich aber bei den Rhynchoten mit Bestimmtheit nachweisen.

Bei den von mir untersuchten cryptoceraten Heteropteren flacht sich
der Maxillenstamm ab und liefert nebst zugehörigen Theilen des Maxillensegmentes eine wohl umschriebene Platte, welche ich Lamina maxillaris
genannt habe. Bei den gymnoceraten Heteropteren und Homopteren ist der
homologe Bestandtheil in dem von den meisten Autoren als Gena beschriebenen
Kopfabschnitt, und zwar namentlich in der vorderen Partie desselben, zu
erblicken. Letzterer könnte deshalb ebenfalls Lamina oder Pars maxillaris
genannt werden.

Obwohl sich Lobi externi bei ausgebildeten Rhynchoten an den
Maxillen nicht mehr nachweisen lassen, so trifft dies doch noch gelegentlich
für den Palpus zu. Rudimente des Palpus maxillaris stellen beispielsweise
die bekannten Bucculae oder Wangenplatten der Wanzen dar, welche, soviel
aus den Angaben von Léon zu ersehen ist, bei gewissen Tingiden noch als
thatsächliche kleine gegliederte Taster (von Léon als Labialtaster beschrieben)
auftreten können. Die den Bucculae oder Tasterrudimenten der Gymnoceraten homologen Theile erscheinen bei den Cryptoceraten vielfach als
schalen- oder schuppenförmige Gebilde, die ich Processus maxillares genannt
habe. Endlich kommen derartige Tasterrudimente oder Processus maxillares
auch bei Homopteren (Cicada) und Phytophthiren (Dryobius u. verschiedene
Lachninen) vor, bei denen sie die Gestalt von zapfenähnlichen stets un-
gegliederten distalen Fortsätzen der Laminae maxillares besitzen.

An den Laminae maxillares der Rhynchoten entspringen die Protractor-
56*

muskeln für die Lobi interni der Maxillen. An die Processus maxillares (Bucculae oder Palpen) heften sich dagegen keine Muskeln an.

Ausser den Laminae maxillares können auch besondere Laminae mandibulares vorhanden sein, welche bei Heteropteren allerdings mit der Stirn verwachsen sind und den bisher als Juga beschriebenen Theilen entsprechen. Diese Laminae mandibulares gehen aus Bestandtheilen des Mandibularsegmentes hervor. Vom anatomischen Standpunkte lassen sie sich deswegen mit den Laminae maxillares vergleichen, weil sie wie diese die Insertionsfläche für die Protractormuskeln (mandibulare Protractoren) enthalten. Entwicklungsgeschichtlich habe ich dagegen nicht den Nachweis führen können, dass an dem Aufbau der Laminae mandibulares sich auch noch die Extremitäten des Mandibularsegmentes betheiligen.

Am meisten Schwierigkeiten hat bisher die morphologische Deutung des Labiums bei den Rhynchoten bereitet. Es liegt jedenfalls die Annahme nahe, dass die Schnabelkerfe von Insekten abstammen, an deren Labium sowohl Palpi labiales wie Lobi interni und externi differenzirt waren. Ein derartiges Verhalten zeigt sich wenigstens bereits bei zahlreichen apterygoten Insekten. Nach dem oben Ausgeführten ist es nicht unwahrscheinlich, dass frühzeitig eine Reduktion der Palpi labiales eintrat und die Lobi, welche gleichzeitig zur Stütze der vorderen Kieferpaare verwendet wurden, sich dann um so stärker ausbildeten. Bereits bei Campodea sind die Lobi interni viel kräftiger entwickelt als die übrigen Theile des Labiums.

Das Labium der Rhynchoten betrachte ich hiermit als ein Verwachsungsprodukt zwischen den beiderseitigen Stammgliedern und den Laden der hinteren Maxillen. Die Stammglieder dürften wahrscheinlich die beiden Basalglieder (1. und 2. Glied) des Labiums gebildet haben, welche wahrscheinlich dem Submentum und Mentum an der Unterlippe anderer Insekten entsprechen. Aus den Laden sind dagegen die beiden distalen Endglieder des Rhynchotenlabiums hervorgegangen, welche sich mit der Subgalea und den untereinander verwachsenen Laden vergleichen lassen dürften.

Mit dieser Erklärung steht auch die schon von Gerstfeld (53) gegebenen Deutung vollkommen in Einklang. Die Viergliedrigkeit des Labiums der Rhynchoten betrachte ich als das ursprüngliche Verhalten, das dreigliedrige Labium ist hiervon durch Reduktion des Basalgliedes (Submentum) abzuleiten. Eine solche Reduktion ist vielfach nur dadurch bedingt worden, dass das Labium nach hinten rückte, „kehlständig" wurde und mit dem Prothorax in engere Verbindung trat. Hiermit findet die Dreigliedrigkeit des Labiums bei den Gulaerostria ihre Erklärung.[1])

Es sind in neuerer Zeit Versuche gemacht worden, gewisse Vorsprünge oder zapfenartige Anhänge, die sich an dem Labium einzelner Heteropteren vorfinden, mit den Loben oder Palpen an dem Labium kauender Insekten zu vergleichen. An einer anderen Stelle dieser Arbeit habe ich schon darauf hingewiesen, dass diese besonders von Léon (97) vorgeschlagene Deutung sich nicht mit der von Gerstfeld und mir vertretenen Auffassung des Labiums vereinigen lässt, oder das letzteres doch höchstens nur in sehr gezwungener Weise ermöglicht werden kann. Abgesehen von den verschiedenen, oben bereits ausführlicher erörterten Gründen, scheint es mir aber überhaupt nicht rathsam zu sein, die Homologisirung verhältnissmässig unscheinbarer kleiner Zapfen und Vorsprünge, bei den verschiedenen Insektenordnungen allzuweit zu treiben. Man hat sich daran zu erinnern, wie leicht bekanntlich gerade bei den Arthropoden in Anpassung an eine bestimmte Funktion oder Lebensweise derartige Anhänge und Fortsätze an beliebigen Körperstellen entstehen können, ohne dass sie doch immer von den Vorfahren vererbt seien und einen morphologischen Werth besitzen müssen.

Sofern daher nicht durch spätere Untersuchungen noch bestimmte Anhaltspunkte zu Gunsten der Léon'schen Hypothese sich ergeben sollten, wird man nur den Schluss ziehen können, dass den Rhynchoten Palpi labiales, welche denen anderer Insekten homolog sind, gänzlich fehlen.

Abgesehen von der eigenartigen, für die Rhynchoten charakteristischen Umgestaltung der Mundtheile bietet die Zusammensetzung des Kopfes bei diesen Insekten kaum etwas besonders bemerkenswerthes dar. Gerade wie bei Orthopteren und anderen Formen kommen am Vorderende des Embryo ein primäres Kopfsegment, ein Antennensegment und ein gliedmaassenloses Intercalarsegment (Vorkiefersegment) zur Anlage. Aus diesen Segmenten baut

---

[1]) Gelegentlich kann aber selbst bei den Gulaerostria, wie das oben erwähnte Beispiel von Dryobius beweist, das Labium aus vier Gliedern zusammengesetzt sein.

sich im Verein mit den Kiefersegmenten der Kopf auf. Es verdient besonders hervorgehoben zu werden, dass, wie ich schon früher mitgetheilt hatte (97 b), die Kopfnähte am ausgebildeten Thiere durchaus nicht immer den Grenzen der primären embryonalen Bezirke entsprechen, indem Nähte auch an Stellen auftreten können, wo beim Embryo keine Segmentgrenzen vorhanden waren.

Ein Hypopharynx legt sich bei allen von mir untersuchten Rhynchotenembryonen an. Während er bei den Heteropteren klein und unscheinbar bleibt, wird er bei Cicada zu einem verhältnissmässig umfangreichen zapfenähnlichen Organ, das bereits früheren Beobachtern aufgefallen war. Es ist nicht zulässig, im Hypopharynx der Rhynchoten die verschmolzenen Anhänge eines besonderen Kopfsegmentes zu erblicken, er entspricht in morphologischer Hinsicht nur den umgewandelten Sterniten der Kiefersegmente. Diese Befunde stehen gleichfalls in Einklang mit meinen früheren Ergebnissen an Orthopteren, Thysanuren, Ephemeriden etc.

Auch in der Bildung der beiden am Grunde des Labiums ausmündenden Speicheldrüsen schliessen sich die Rhynchoten den genannten Insekten an. Der eigenartige Spritzapparat („Wanzenspritze") der Rhynchoten ist homolog dem unpaaren Speichelgange anderer Insekten.

Bei vielen Rhynchoten (Cryptoceraten, Pyrrhocoris) zeigt sich die Eigenthümlichkeit, dass sowohl die hinteren Kopfsegmente wie besonders die Thoraxsegmente bei ihrer Anlage ursprünglich eine äusserliche Theilung in zwei hinter einander folgende Abschnitte erkennen lassen. Beide Abschnitte sind durch zwei laterale Lappen ausgezeichnet. Die Lappen des vorderen Segmentabschnittes werden zu den Tergitanlagen, diejenigen des hinteren zu den Extremitäten. Diese Bildungsweise ist als eine exceptionelle anzusehen und bisher bei den Insekten noch nicht beschrieben worden, ich möchte ihr aber keine tiefere Bedeutung beimessen, da es sich hierbei offenbar nur um eine frühzeitige Vertheilung und entsprechende Anordnung des zum Aufbau der verschiedenen Abschnitte eines Segmentes bestimmten plastischen Materials handelt.

Hinsichtlich der weiteren Entwicklung des Thorax hat sich das Resultat ergeben, dass die basalen Beinglieder an der Zusammensetzung der ventralen Brustwand Antheil nehmen. Beim Embryo theilt sich das Grundglied des Beines in einen proximalen und in einen distalen Abschnitt.

Der letztere wird zu Coxa, dem Hüftglied des Beines, während der erstere
Abschnitt, der von mir Subcoxa genannt ist, sich abflacht und denjenigen
Theil der Thoraxwand bildet, mit dem das Bein artikulirt oder von dem
einige der Beinmuskeln entspringen. Die Subcoxa gestaltet sich hierbei
in vielen Fällen zu einem selbstständigen, vor oder lateral von der Hüfte
gelegenen Seeletstück um, das selbst noch bei der Imago erkennbar ist
und welches ich Subcoxalplatte genannt habe. Wenn auch die durch
Furchen oder Nähte abgegrenzte Subcoxalplatte in ihrem ganzen Umfange
nicht ganz genau dem subcoxalen Beingliede entspricht, so lässt sie sich
doch noch theilweise oder auch im wesentlichen auf dieses zurückführen.
Auf die Verschiedenheiten, welche sich hierbei im einzelnen zu erkennen
geben, bin ich oben ausführlich eingegangen.

In den soeben geschilderten Verhältnissen könnte vielleicht eine
bemerkenswerthe Differenz im Körperbau der Rhynchoten und demjenigen
anderer Insekten erblickt werden. Dies ist jedoch nicht der Fall. Auch
bei den Blattiden zeigt sich etwas Aehnliches. Ventralwärts finden sich
hier vor dem Hüftgliede des Beines zwei kleine Seeletstücke vor, die durch
Furchen wieder in mehrere Unterabtheilungen zerlegt werden und welche
man bisher als Episternum und Epimerum bezeichnet hat. An diesen
Seeletstücken entspringt ein Theil der in die Hüfte eintretenden Muskulatur,
und es kann im Hinblick hierauf wie auch besonders in Rücksicht auf die
übereinstimmende Lage kein Zweifel sein, dass die betreffenden Theile der
Blattiden den Subcoxalplatten der Rhynchoten homolog sind.

Jedenfalls ist es ausgeschlossen, dass die beschriebenen Subcoxalplatten umgewandelte Theile der Pleuralhäute (Pleurite) darstellen. Dies
wird vielfach schon durch ihre Lage bewiesen und ferner können ausser
den Subcoxalplatten auch noch besondere Pleurite vorhanden sein (Nepalarve). Unentschieden muss ich freilich die Frage noch lassen, ob es zulässig ist, die Subcoxalplatten oder die ihnen entsprechenden Theile anderer
Insekten nun wirklich für die Reste chemaliger eigentlicher Beinglieder zu
halten, die nachträglich in den Thorax eingeschmolzen sind, vielleicht um
letzteren grössere Festigkeit zu verleihen. Zu Gunsten dieser Meinung
scheint vorläufig die Entwicklungsgeschichte zu sprechen, und ausserdem
verdient noch der Umstand Beachtung, dass selbst noch jetzt bei manchen

Insekten, denen wie z. B. den Odonatenlarven besondere Subcoxalplatten vollkommen fehlen, das Coxalglied (Hüftglied) des Beines durchaus nicht einfach ist, sondern aus mehreren aufeinanderfolgenden Gliedern zusammengesetzt wird. Da es sich indessen hier um Verhältnisse handelt, welche bisher fast gänzlich unberücksichtigt geblieben sind und über welche mithin noch kein ausreichendes Beobachtungsmaterial vorliegt, so ist definitive Klarheit erst auf Grund weiter ausgedehnter und an verschiedenen Insekten vergleichend ausgeführter Untersuchungen zu erwarten.

Das Abdomen setzt sich bei den Insekten, wie durch entwicklungsgeschichtliche Untersuchungen bekanntlich festgestellt ist, ursprünglich aus 12 Segmenten zusammen, von denen das letzte oder Telson die Afteröffnung enthält. Wenn auch das Telson der Insekten, verglichen mit denjenigen anderer Arthropoden z. B. Myriopoden, im Allgemeinen in Rückbildung und Verkümmerung begriffen ist, so sind doch die Bestandtheile des Telson noch bei den Imagines zahlreicher anderer Insektenformen (Orthopteren, Ephemeriden, Odonaten, Plecopteren u. a.) deutlich und unverkennbar nachzuweisen. Anders verhält es sich nun bei den in vieler Hinsicht überhaupt schon viel complicirter gebauten Rhynchoten. Bei letzteren ist das Telson bereits gänzlich in Fortfall gekommen. Es tritt wenigstens bei den von mir untersuchten Formen kaum noch vorübergehend während der Embryonalzeit auf. Auf seine einstige Existenz kann eigentlich nur insoweit geschlossen werden, als die Afteröffnung beim Embryo nicht innerhalb des 11. Abdominalsegmentes, sondern erst hinter demselben zur Anlage kommt, während der After später freilich vollkommen in das Bereich des genannten Segmentes selbst hinein gelangt.

Bei allen von mir untersuchten Rhynchotenembryonen fand ich nur 11 deutliche Abdominalsegmente vor, und es liess sich der Nachweis führen, dass diese Zahl in vielen Fällen erhalten bleibt, indem selbst noch bei der Imago 11 Tergite und 11 Sternite das Abdomen zusammensetzen. In dieser Hinsicht sind allerdings bemerkenswerthe Unterschiede zwischen Cryptoceraten, Gymnoceraten und Homopteren zu constatiren, die bereits schon oben eingehend erörtert sind.

Abdominale Gliedmaassenanlagen sind beim Embryo nur am 1. Abdominalsegment ausgebildet, sie treten bei den hier zur Untersuchung ge-

langten Formen stets in übereinstimmender Weise auf und gleichen den
auch bei Embryonen von Orthopteren, Thysanuren (Lepisma) u. a. vorkommenden und von Wheeler unter dem Namen Pleuropoden beschriebenen
Anhängen. Bei den Rhynchoten sind diese Pleuropoden von drüsiger
Natur, sie scheiden eine Sekretmasse nach aussen ab, höhlen sich hierbei
napfförmig aus und sinken schliesslich unter die Körperoberfläche ein.

An allen folgenden Abdominalsegmenten (2.—11.) kommt es dagegen
nicht mehr zur Ausbildung von typischen Extremitätenanlagen, letztere sind
nur noch als kümmerliche Reste an der medialen Kante der Tergitwülste
nachweisbar. Da Extremitätenrudimente auch am 11. Abdominalsegmente,
weder während der embryonalen noch während der larvalen Entwicklungsperiode hervortreten, so erklärt sich das Fehlen der Cerci. Letzteres gilt
auch für die Imagines, so dass nach meinen Untersuchungen die Rhynchoten
in allen Fällen der Cerci gänzlich entbehren.

Von anderen Abdominalanhängen kommen besonders die Gonapophysen in Betracht. Es kann keinem Zweifel unterliegen, dass diese Anhänge bei den Rhynchoten ebenfalls der Rückbildung entgegen gehen.
Zahlreichen Schnabelkerfen fehlen im männlichen wie im weiblichen Geschlecht die Gonapophysen bereits vollständig, bei anderen sind sie nur
noch in rudimentärer Weise vorhanden. Während bisher die Ansicht vertreten wurde, dass die weiblichen Rhynchoten überhaupt höchstens vier
Genitalanhänge besässen, so gelang es mir den Nachweis zu führen, dass
sowohl bei den Homopteren, wie bei den Heteropteren 3 Paare von
Geschlechtsanhängen vorkommen können.

Die Zahl 6 der Gonapophysen ist für die weiblichen Rhynchoten
jedenfalls als die primäre anzusehen, und die gleiche Zahl ist bekanntlich
auch die typische für die Vertreter zahlreicher anderer Insektengruppen.
Von den Geschlechtsanhängen der Rhynchoten gehört ein Paar dem 8. und
zwei Paare dem 9. Abdominalsegmente an. Die Gonapophysen des 8. und
die medialen Gonapophysen des 9. Segmentes werden zur Bildung des
eigentlichen Legeapparates verwendet, während das noch übrige Paar von
Geschlechtsanhängen, das bisher in seiner wahren Bedeutung nicht erkannt
worden ist und welches das Homologon der beiden oberen Scheidenklappen
einer Heuschreckenlegeröhre darstellt, nicht an dem Aufbau der Legeröhre

direct betheiligt ist. An den genannten Gonapophysen der von mir untersuchten weiblichen Rhynchoten war in keinem Stadium irgend eine Art von Gliederung zu bemerken.[1])

Diese Ergebnisse sind deswegen von Wichtigkeit, weil die Rhynchoten sich hierdurch eng an die übrigen flügeltragenden Insekten, soweit dieselben im Besitze von Gonapophysen sind, anschliessen, während sie sich gleichzeitig von den Thysanuren, denen nicht mehr als vier Gonapophysen zukommen, entfernen.

Die Anlage der Gonapophysen bei der Larve, vor allem der Ort ihres Auftretens in der Nähe der Medianlinie der Bauchplatten sprechen durchaus dagegen, dass in den Genitalanhängen der Rhynchoten modificirte Abdominalgliedmaassen vorliegen. Es hat sich namentlich bei Cicada mit Bestimmtheit der Nachweis führen lassen, dass die embryonalen Gliedmaassenanlagen zur Bildung der Seitentheile der Bauchplatten verwendet werden. Da nun die Gonapophysen niemals wie die Extremitäten in den Seitentheilen der Sternite entstehen, sondern zum Theil unmittelbar neben der Medianlinie auftreten, so können sie auch nur die morphologische Bedeutung von Hypodermiserhebungen besitzen.

Zum Schluss sei noch auf eine Eigenschaft hingewiesen, welche wenigstens für die Mehrzahl der Rhynchoten als charakteristisch angesehen werden kann. Dieselbe besteht darin, dass die weichen zwischen Tergit und Sternit befindlichen Pleuralhäute in Fortfall kommen, während Rücken- und Bauchplatte mit einander verschmelzen. Hierbei vereinigen sich die das Stigma umgebenden Theile (Pleurit) mit dem Sternit des betreffenden Segmentes oder mit demjenigen des vorhergehenden, so dass gleichzeitig in den meisten Abdominalsegmenten die Sternite zu den Trägern der Stigmen werden.

---

[1]) Bei weiblichen Insekten ist die Gliederung der Genitalanhänge (Ovipositoren) überhaupt eine sehr seltene Erscheinung, welche nur auf gewisse Thysanuren beschränkt zu sein scheint. Zum ersten Male ist ein solches Verhalten von mir bei Nicoletia (97) nachgewiesen worden, und ich habe mich jetzt davon überzeugt, dass auch bei Lepisma, wo ich früher die Gliederung nicht bemerkt hatte, eine wenn auch nur sehr schwach ausgeprägte Gliederung der Legeröhre vorhanden ist. Das Gleiche gilt für Lepismina. Für die Beurtheilung der morphologischen Natur dieser Anhänge kann natürlich, wie ich schon früher dargelegt hatte, das Vorhandensein oder Fehlen der Gliederung nicht in Betracht kommen.

Mit diesem Verhalten steht eine andere Eigenthümlichkeit im Zusammenhang, welche wohl den Zweck verfolgen dürfte, dem Körper die
namentlich für die Imago während der Reifung der Geschlechtsproducte
nothwendige Ausdehnungsfähigkeit zu bewahren. Bei den Rhynchoten besitzen nämlich die mit einander verwachsenen Tergite und Sternite die
Neigung zu einer weiteren, secundären Gliederung. Entweder an den
Rückenplatten oder an den Bauchplatten oder sogar an beiden können die
Lateraltheile sich absondern oder durch Furchen sich mehr oder minder
deutlich von dem Mittelstück absetzen. Diese abgegrenzten Seitentheile der
Rücken- und Bauchplatten habe ich als Paratergite und Parasternite beschrieben.

Das primäre Verhalten, welches sich bei den von mir untersuchten
Insekten im Embryonalstadium verwirklicht zeigt, besteht darin, dass die
Seitentheile der Rückenplatten sehr stark entwickelt sind und häufig in
Form von Wülsten (Tergitwülste) bis zur Ventralseite reichen, so dass
hierdurch eine eigenthümliche kahnförmige Gestalt des Körpers (mit aus-
gehöhlter Ventralfläche) bedingt wird. Diese charakteristische Gestalt bleibt
selbst bei den Larven der Cicadinen und denen mancher Cryptoceraten
noch deutlich erkennbar. Bei den Imagines flachen sich die Paratergite
zwar ab, doch pflegen sie noch an der Bildung der ventralen Körperwand
Antheil zu nehmen. Letzteres gilt namentlich für die Mehrzahl der Homopteren, bei denen deutlich abgegrenzte Paratergite sich an der Ventralseite
des Abdomens vorfinden, zum Theil trifft dies auch noch für einige Cryptoceraten zu. Bei den Gymnoceraten sind die Seitentheile der Rückenplatten
schon von vornherein weniger entwickelt, sie reichen hier zwar auch bis
an die Ventralseite, gliedern sich aber bei der Imago als Paratergite nur
dorsal deutlich ab. In extremen Fällen (Lygaeiden) können endlich sogar
noch die stigmentragenden Parasternite an die Dorsalseite gelangen.

B. Verwandtschaftsverhältniss der Rhynchoten zu anderen
Insekten.

Es ist nicht schwer in dem Körperbau der Rhynchoten dieselben
grundlegenden Organisationsverhältnisse wieder zu erkennen, welche auch
für andere paurometabole oder hemimetabole Insektengruppen als typisch

und charakteristisch anzusehen sind. Denn wenn auch der Bau der er-
wachsenen Rhynchoten manche Eigenthümlichkeiten besitzt, so lehrt doch
gerade die Entwicklungsgeschichte, dass in der Anlage der Kopf- und
Rumpfgliedmaassen, in der Bildung der Segmenttheile und in der gesammten
Körpersegmentirung keine wesentlichen Verschiedenheiten vorhanden sind.

Hinsichtlich der Gliederung des Abdomens hat sich beispielsweise
der Nachweis führen lassen, dass bei den Rhynchoten nur das Telson nebst
den zugehörigen Laminae anales rückgebildet worden ist, wodurch das
primär zwölfgliedrige Insektenabdomen in einen elfgliedrigen Hinterleib ver-
wandelt wurde, welcher nunmehr den Schnabelkerfen im allgemeinen eigenthümlich ist.

Auch in der inneren Organisation kommen solche prinzipielle Ueber-
einstimmungen mit anderen niederen Insekten zum Ausdruck. Ich mache
hierbei besonders auf die mesodermalen Geschlechtsgänge (Ovidukte, Vasa
deferentia) aufmerksam. Bei allen von mir entwicklungsgeschichtlich untersuchten Homopteren und Heteropteren reichen die Geschlechtsgänge anfänglich
beim Weibchen bis zum Hinterende des siebenten, beim Männchen dagegen bis
zu dem des neunten oder zehnten Abdominalsternites. Das gleiche Verhalten
trifft nun nach Untersuchungen von mir auch für Thysanuren (Campodea und
Lepisma) Orthopteren, Plecopteren, Odonaten und Ephemeriden zu, während
bei anderen, und zwar namentlich bei komplizirter organisirten Insekten
Dermapteren) bereits im Embryo abweichende Verhältnisse obwalten.

Schwierigkeiten ergeben sich erst dann, wenn man den Versuch
macht, im einzelnen Vergleiche durchzuführen und bestimmte verwandtschaftliche Beziehungen zwischen den Rhynchoten und dieser und jener
Insektengruppe herauszufinden.

Während man früher namentlich die Pediculinen vielfach in nähere
Verbindung mit den Rhynchoten gebracht hat, so ist nach Meinert (91)
gerade die Organisation der Mundwerkzeuge bei den beiden Gruppen eine
so differente, dass an eine engere Verwandtschaftsbeziehung wohl kaum noch
gedacht werden kann.

Unter den typischen flügellosen Insekten (Apterygoten) lassen die
Mundwerkzeuge bei der Abtheilung der Entognatha (Collembola, Campodeidae,
Japygiden) wenigstens in der Art und Weise ihrer Anordnung und in ihrer

Verbindung mit der Kopfkapsel noch eine gewisse Annäherung an die Mundtheile der Rhynchoten erkennen.

Meinert (67) hat hierauf zum ersten Male aufmerksam gemacht, und Grassi (88) hält es darauf hin wie auch aus anderen Gründen nicht für ausgeschlossen, dass entotrophe (entognathe) Thysanuren die Vorläufer der Rhynchoten gewesen sein mögen. Smith (97) geht in neuerer Zeit in dieser Hinsicht aber noch weiter. Allen anderen flügeltragenden Insekten, den „Mandibulata" stellt er die Rhynchoten (und Thysanopteren) als „Haustellata" gegenüber und spricht ihnen in Hinblick auf den Bau ihrer Mundtheile nicht nur eine ganz isolirte Stellung im Insektensystem, sondern auch einen selbständigen und ganz unabhängigen Ursprung von thysanurenartigen Formen zu.[1] Im Gegensatz hierzu sind jedoch von anderen Seiten wieder vielfache Versuche gemacht worden, die Rhynchotenmundtheile von den kauenden Mundtheilen der Orthopteren abzuleiten. In den Orthopteren glaubt Léon (87) geradezu die Stammgruppe der Hemipteren zu erkennen.

Soweit die bisherigen anatomischen und entwicklungsgeschichtlichen Kenntnisse ein Urtheil gestatten, so dürfte jedenfalls kein Grund zu der Annahme vorliegen, dass eine engere verwandtschaftliche Beziehung zwischen den entognathen Apterygoten und den Rhynchoten vorhanden sei, wenn man auch die letzteren mit gewissem Rechte immerhin als entognathe Pterygoten bezeichnen könnte. Denn obwohl bei den genannten beiden Gruppen in der Stellung der Mandibeln und vorderen Maxillen, in der Entwicklung der letzteren und in dem theilweisen oder völligen Einsinken der Kiefer in das Innere des Kopfes eine Annäherung sich ausspricht, so giebt es doch auch zahlreiche und sehr wesentliche Differenzen.

Bei den Thysanuren fehlt eine von der Unterlippe gebildete Schnabelscheide und eigentliche Stechborsten, es fehlen vor allem die Flügel.

Nach meinen Untersuchungen und auch namentlich nach denjenigen von Uzel (98) hat sich ergeben, dass den entognathen Thysanuren ein Amnion nicht zukommt, während sich letzteres bei allen bisher untersuchten Rhynchoten und zwar ganz in der für die flügeltragenden Insekten typischen

---

[1] Der leitende Gesichtspunkt von Smith ist hierbei aber jedenfalls ein irriger. Smith geht nämlich vor der eigenartigen Vorstellung aus, dass die „Haustellata" überhaupt keine Mandibeln besitzen sollten.

Weise entwickelt. Den entognathen Thysanuren scheinen, wie ich bereits früher hervorgehoben habe (97 a), Vasa Malpighi durchweg zu fehlen, oder es zeigen sich doch wie bei Campoden höchstens nur Rudimente von solchen, während bei den Rhynchoten, wenigstens bei den von mir entwicklungsgeschichtlich untersuchten Formen, die Malpighi'schen Gefässe sogleich in Vierzahl angelegt werden, ein Verhalten, welches bekanntlich gerade auch für eine sehr grosse Zahl pterygoter Insekten charakteristisch ist.

Auch zwischen ectognathen Thysanuren (Lepismiden, Machiliden) und Rhynchoten sind bemerkenswerthe Unterschiede vorhanden. Abgesehen von dem bekanntlich sehr abweichenden Bau der Mundtheile, weise ich hier auf die weiblichen Geschlechtsanhänge hin. Bei den Thysanuren beträgt die Zahl der letzteren 4, bei den flügeltragenden Insekten und auch bei den Rhynchoten ist dagegen die Zahl 6 als die typische und die primäre anzusehn.

Aus den erörterten Gründen kann ich nicht denjenigen Autoren folgen, welche eine selbstständige Herkunft der Rhynchoten von apterygoten Urformen annehmen und damit die Meinung eines diphyletischen Ursprungs der Rhynchoten und der Mehrzahl der übrigen flügeltragenden Insekten vertreten.

Da andrerseits die eigenartige Richtung, welche gerade die Entwicklung der Mundtheile bei den Schnabelkerfen genommen hat, ferner das Fehlen des Endsegmentes und der Cerci, die starke Concentration der Ganglienkette und andere Merkmale unmöglich es gestatten, eine nähere Beziehung zwischen Rhynchoten und Orthopteren oder zwischen jenen und irgend einer anderen der jetzt existirenden Insektengruppen anzunehmen, so bleibt mithin nur die Annahme übrig, dass die Rhynchoten ausserordentlich frühzeitig bereits von einem gemeinsamen Stamme sich abgezweigt haben, dem vermuthlich auch die meisten der gegenwärtigen flügeltragenden Insekten entsprungen sind.

Litteraturverzeichniss.

Altum (78) Lachnus exsiccator. Buchenkrebs Baumlaus. Zeitschr. f. Forst- und Jagdwesen. Bd. 9, Berlin, 1878.

Chatin, J. (97) La mâchoire des Insectes, détermination de la pièce directrice. Paris, 1897.

Fieber, Fr. X. (52) Genera Hydrocoridum secundum ordinem naturalem in familias disposita. Abh. Böhm. Ges. Wiss. 5, Folge, Bd. 7. Prag, 1852.

Derselbe (61) Die europäischen Hemiptera (Rhynchota Heteroptera) nach der analytischen Methode bearbeitet. Wien, 1861.

Geise, O. (83) Die Mundtheile der Rhynchoten. Arch. Naturgesch. Jahrg. 49, Bd, 1, 1883.

Gerstfeld G. (53) Ueber die Mundtheile der saugenden Insekten. Dorpat, 1853.

Grassi, B. (88) I Progenitori dei Miriapodi e degli Insetti. R. Accad dei Lincei. Roma, 1888.

Heymons, R. (95) Die Segmentirung des Insektenkörpers. Abh. K. Preuss. Acad. Wiss. Berlin, 1895.

Derselbe (95a) Die Embryonalentwicklung von Dermapteren und Orthopteren. Jena, 1895.

Derselbe (96) Grundzüge der Entwicklung und des Körperbaues von Odonaten und Ephemeriden. Abh. K. Preuss. Acad. Wiss. Berlin, 1896.

Derselbe (96a) Die Mundtheile der Rhynchota (Homo-Heteroptera). Entomolog. Nachrichten (F. Karsch) Jahrg. 22. Berlin, 1896.

Derselbe (96b) Zur Morphologie der Abdominalanhänge bei den Insekten. Morphol. Jahrbuch. Bd. 24. 1896.

Derselbe (97) Entwicklungsgeschichtliche Untersuchungen an Lepisma saccharina L. Zeitschr. wiss. Zoologie. Bd. 62. 1897.

Derselbe (97a) Ueber die Bildung und den Bau des Darmkanals bei niederen Insekten. Sitz. Ber. Ges. Nat. Freunde, Berlin 1897.

Derselbe (97b) Ueber die Zusammensetzung des Insektenkopfes. Sitz. Ber. Ges. Nat. Freunde. Berlin, 1897.

Karawaew Wl. (95) Sur le développement embryonnaire de Pyrrhocoris apterus L. (russisch). Mém. Soc. Natural. Kiew, vol. 13. 1895. (Mir nicht zugänglich gewesen).

Kräpelin K. (84) Ueber die systematische Stellung der Puliciden. Festschr. z. Feier d. 50jähr. Bestehens d. Realgymnas. Johanneum in Hamburg, 1884.

Léon, N. (87) Beiträge zur Kenntniss der Mundtheile der Hemipteren. Jena, 1887.

Derselbe (92) Labialtaster bei den Hemipteren. Zool. Anzeig. Jahrg. 15, No. 389. 1892.

Léon, N. (94) E. Schmidt's Lippentaster. Zool. Anzeig. Jahrg. 17, No. 461. 1894.

Derselbe (97) Beiträge zur Kenntniss des Labiums der Hydrocoren. Zool. Anzeig. Bd. 20, No. 527, 1897.

Leuckart, R. (55) Ueber die Mikropyle und den feineren Bau der Schalenhaut bei den Insektencieren. Arch. Anat. Physiol. 1855.

Marlatt, L. C. (95) The hemipterous mouth. Proceed. Entom. Soc. Washington vol. 3. 1895.

Derselbe (98) The periodical Cicada. U. S. Dep. Agriculture, Divis. Entom. Bulletin 14, new series. Washington, 1898.

Mayer, P. (74) Anatomie von Pyrrhocoris apterus L. Arch. Anat. Physiol. 1874.

Meinert, Fr. (67) On the Campodeae a Family of Thysanura. (Translated from Naturhist. Tidskrift ser. 3, vol. 3. Kopenhagen, 1865). Ann. Mag. Nat. Hist. vol. 20, ser. 3. London 1867.

Derselbe (91) Pediculus humanus L. et trophi ejus. Entomolog. Meddelser 3. Bind. Kopenhagen 1891.

Metschnikoff, E. (66) Embryologische Studien an Insekten. Zeitschr. wiss. Zool. Bd. 16. 1866.

Mordwilko (95) Zur Anatomie der Pflanzenläuse, Aphiden. Zool. Anzeig. Jahrg. 18. 1895.

Newport, G. (39) Insecta. Cyclop. Anat. Physiol. (R. B. Todd) vol. 2. London. 1839.

Osborn, H. (95) The Phylogenic of Hemiptera. Proceed. Ent. Soc. Washington vol. 3. 1895.

Savigny, J. C. (16) Mémoires sur les animaux sans vertèbres. Paris, 1816.

Schmidt, E. (91) Lippentaster bei Rhynchoten und systematische Beziehung der Nepiden und Belostomiden. Sitz.-Ber. Ges. Nat. Freunde. Berlin, 1891.

Sharp, D. (90) On the structure of the terminal segment in some male Hemiptera. Trans. Ent. Soc. London. T. 12—14. 1890.

Smith, J. B. (92) The structure of the hemipterous mouth. Science, an illustrated Journal. vol. 19. New York, 1892.

Derselbe (97) An essay on the Classification of Insects. Science, a weekly Journal. new series vol. 5. New York, 1897.

Uzel, H. (98) Studien über die Entwicklung der apterygoten Insekten. Königgrätz, 1898.

Verhoeff, C. (93) Vergleichende Untersuchungen über die Abdominalsegmente der weiblichen Hemiptera-Heteroptera und Homoptera. Verhandl. Naturwiss. Ver. preuss. Rheinlande, Westfalen Reg.-Bez. Osnabrück. Jahrg. 50. Bonn, 1893.

Wedde, H (85) Beiträge zur Kenntniss des Rhynchotenrüssels. Arch. Naturg. Jahrg. 51, Bd. 1. 1885.

Westwood (40) An introduction to the modern Classification of Insects. vol. 2. London, 1840.

Wheeler W. M. (89) Ueber drüsenartige Gebilde im ersten Abdominalsegment der Hemipteren-embryonen. Zool. Anzeig. Jahrg. 12, 1889.

Witlaczil, E. (82) Zur Anatomie der Aphiden. Arbeit Zool. Instit. Wien, Bd. 4. 1882.

Derselbe (84) Entwicklungsgeschichte der Aphiden. Zeitschr. wiss. Zoolog. Bd. 40, 1884.

Erklärung der Abbildungen.

Tafel 1.

Fig. 1. Keimstreif von Naucoris cimicoides nach Anlage des Labiums und Ausbildung der Tergitwülste im Abdomen. Das rechte Hinterbein ist grösstentheils entfernt, um die Anhänge des 1. Abdominalsegmentes zu zeigen. Vergr. 60.

Fig. 2. Hinterende einer Larve von Pyrrhocoris apterus von der Ventralseite gesehen. Das den Anus umgebende 11. Sternit nnd zweilappige 11. Tergit sind hervorgestülpt. Vergr. 58.

Fig. 3. Kopf eines Keimstreifens von Cimex dissimilis. Die rechte Mandibel und die dahinter liegende 2. Maxille sind abgenommen. Vergr. 60.

Fig. 4. Hinterende eines männlichen Embryo von Naucoris nach der Umwachsung des Dotters. Im 10. Segmente schimmern durch die Körperwand die Terminalampullen (Amp) der Vasa deferentia hindurch. Dorsalwärts im 9 Segmente ist das hintere Ende des Rückengefässes erkennbar. Vergr. 130.

Fig. 5. Keimstreifen von Nepa cinerea, ungefähr gleichaltrig mit dem in Fig. 1 abgebildeten Embryo. Das 10 und 11. Abdominalsegment sind dorsalwärts umgebogen und daher in der Figur nicht mehr sichtbar. Vergr. 60.

Fig. 6. Vorderende eines Keimstreifens von Notonecta glauca. Bemerkenswerth ist die embryonale Segmentirung. Vergr. 45.

Fig. 7. Vorderer Kopftheil von Notonecta (Imago) von der dorsalen Seite gesehen. Von oberflächlich liegenden Theilen sind zu erkennen: die basalen Labialglieder (Lab), die Oberlippe (Ob) und die seitlich gelegenen Processus maxillares (Procx). Die obere Schädeldecke ist entfernt, so dass die Laminae maxillares sichtbar geworden sind. Links ist die mandibulare Stechborste nebst dem dazu gehörenden Muskelapparat, rechts die maxillare Stechborste mit ihren Muskeln dargestellt worden. Vergr. 25.

Fig. 8. Ei von Notonecta mit oberflächlich gelegenem Keimstreifen im Stadium der sog. primären Segmentirung. Vergr. 45.

Fig. 9. Hinterende einer weiblichen Imago von Naucoris. Ansicht von der Ventralseite. An der linken Seite der Figur ist die Gonapophyse des 8. Abdominalsegmentes zur Hälfte entfernt. Rechts ist (bei Abs$_9$) die laterale Gonaphyse des folgenden Segmentes abgenommen worden. Vergr. 21.

Fig. 10. Ei von Cicada septemdecim mit Keimstreifen im Dotter. Vergr. 45.

Fig. 11. Keimstreifen von Cicada. Aelteres Stadium als das der vorigen Figur. Die rechte Antenne und das rechte Hinterbein sind abgenommen. Vergr. 60.

Fig. 12. Keimstreif von Pyrrhocoris nach beendeter Segmentirung. Die Kopflappen sind dorsal umgebogen, die Antennen stehen am Vorderende. In den Abdominalsegmenten treten bereits die als laterale helle Flecken erscheinenden Tergitwülste hervor. Vergr. 60.

Fig. 13. Kopf einer Pentatomidenlarve (Cimex?). Links ist das gesammte Schädeldach abgetragen, um die Stechborsten und ihren Muskelapparat zu zeigen. Die luga (lu), Laminae maxillares (Lamx) und die hintere Kopfwandung sind links nur in Umrissen angegeben. Das Thier befand sich kurz vor einer Häutung. In der spiralig aufgerollten Kiefertasche (Kt) ist bereits eine neue Stechborste (Se) angelegt. Die maxillare Kiefertasche und die zugehörigen Retractoren sind nicht eingezeichnet worden. Vergr. 45.

Tafel 2.

Fig. 14. Keimstreif von Cimex dissimilis in eine Ebene ausgebreitet. Vergr. 45.

Fig. 15. Rechtes Mittelbein eines Embryo von Naucoris, ungefähr in dem in Fig. 1 dargestellten Stadium befindlich. Man erkennt die primäre Gliederung des Beines und namentlich die embryonale Subcoxa (Subx). Ausser der Tergitanlage ist auch die Hälfte des mesothorakalen Sternites (Stern) abgebildet. Die hellere Partie in dem letzteren kennzeichnet die Ganglionanlage. Vergr. 200.

Fig. 16. Kopf eines Embryo von Naucoris nach der Umrollung. Clypeus und Oberlippe sind abgetragen, um den Hypopharynx (Hyp) und die Anlage der „Wanzenspritze" (Splcx) zu zeigen. Vergr. 90.

Fig. 17. Keimstreif von Naucoris. Die Segmentirung ist im Abdomen noch unvollständig. Vergr. 45.

Fig. 18. Junger, aus dem Dotter herauspräparirter Keimstreif von Pyrrhocoris. Die Kopflappen (Kbl) sind von der Dorsalseite, der Rumpf von der Ventralseite gesehen. Die Körperregionen sind bereits angedeutet. Vergr. 45.

Fig. 19. Vordere Kopfpartie nebst Labium von Dryobius roboris von der linken Seite gesehen. Die Stechborsten (Set) sind aus dem proximalen Theil des Labiums künstlich etwas hervorgezogen. Vergr. 50.

Fig. 20. Hinterende eines Embryo von Cimex nach der Umrollung. Jede Sternitanlage besteht aus drei Theilen, indem ein medianes erhabenes Feld (Sternum), das die Ganglienanlage enthält, sich von zwei lateralen Feldern (Sternl) absetzt. Vom Enddarm gehen vier Vasa Malpighi aus, welche durch die Tergite hindurchschimmern. Die distalen Enden der beiden längeren Vasa (Malp) treten hervor. Vergr. 120.

Fig. 21. Sagittalschnitt durch das Hinterende eines Keimstreifens von Naucoris. Auch im 11. Abdominalsegment sind noch Ganglienzellen erkennbar. Vergr. 355.

Fig. 22. Hinterende einer weiblichen Larve (Nymphe) von Naucoris von der Ventralseite gesehen. Vergr. etwa 40.

Fig. 23. Transversalschnitt durch eine Larve von Cicada septemdecim. Vergr. 200.

Fig. 24. Ei von Pyrrhocoris von der Ventralseite gesehen. Man erkennt im Innern den Keimstreifen, dessen Kopflappen noch oberflächlich liegen, während der Rumpf seine Dorsalfläche dem Beschauer zuwendet. Die dunkle Färbung in der Medianlinie wird durch die Invagination des Mesoderms hervorgerufen. Vergr. 45.

Fig. 25. Hinteres Körperende eines Männchen von Tibicina tomentosa. Von dem Kopulationsanhang (Gon) ist nur die basale Partie angegeben. Vergr. 20.

Fig. 26. Abdominalende einer Larve von Cimex von der Ventralseite gesehen. Das plättchenförmig gestaltete 11. Tergit und Sternit liegen eingezogen im 10. Abdominalringe. Am Körperrande treten die dunkel gefärbten Seitentheile der Tergite hervor (Parat), welche ventral umgeklappt sind. Vergr. 30.

Fig. 27. Hinterende einer männlichen Imago von Pyrrhocoris. Die Gonapophysen sind nur unvollständig angegeben, um die letzten Abdominalsegmente sichtbar zu machen. Vergr. 30.

Tafel 3.

Fig. 28. Vorderkopf von Syromastes marginatus von der Ventralseite gesehen. An der medialen Kante der Laminae maxillares (Lamx) treten die Processus maxillares oder „Bucculae" (Proa) hervor Vergr. 40.

Fig. 29. Kopf und Thorax eines Keimstreifen von Notonoris An den vorderen Maxillen ist eine Spaltung eingetreten. Vergr. 60.

Fig. 30. Vorderende eines Keimstreifen von Cimex. Etwas älteres Stadium als in Fig. 14. Vergr. 45.

Fig. 31. Junge Embryonalanlage von Pyrrhocoris, aus dem Dotter herauspräparirt. Mit Ausnahme der Kopflappen ist der Körper von der Ventralseite betrachtet. In der vorderen Rumpfhälfte ist noch die Invaginationsrinne (R) für das Mesoderm erkennbar. Zwischen die aus einander weichenden Kopflappen schiebt sich ein vom Blastoderm bekleideter zapfenförmiger Fortsatz des Dotters (Blast) ein. Vergr. 90.

Fig. 32. Kopf von Notonecta (Imago) von hinten gesehen. An der rechten Seite der Figur sind die an der Gula und dem Processus maxillaris befindlichen Borsten entfernt Vergr. 18.

Fig 33. Kopf nebst Speicheldrüsen eines Embryo von Cimex. Das gleiche Stadium wie in Fig. 20. Vergr. 60.

Fig. 34. Kopf einer Larve von Nepa, von der Dorsalseite gesehen. Rechts ist der Processus maxillaris künstlich aufgebogen, so dass die unter ihm verborgene kleine Lamina maxillaris sichtbar wird. Vergr. 24.

Fig. 35. Hintere Kopfpartie eines Embryo von Cicada nach der Umrollung. Mandibeln, Maxillen, Hypopharynx und Unterlippe sind erkennbar. Vergr. 115.

Fig. 36. Analpartie einer weiblichen Imago von Nepa. Die rechte Hälfte des 8. Sternites ist entfernt, desgleichen die Gonapophysen mit Ausnahme der lateralen des 9. Segmentes. Von den letzteren ist die rechte Gonapophyse nur zur Hälfte eingezeichnet, um das 10. Sternit vollkommen sichtbar zu machen. Vergr. 30.

Fig. 37. Abdominalende einer weiblichen Imago von Cimex von hinten gesehen. Umgeben von dem ringförmigen 10. Abdominalsegment sind das 11. Tergit und Sternit erkennbar. Vergr. 43.

Fig. 38. 5.—11. Abdominalsegment einer weiblichen Larve von Aphrophora salicis, von der Ventralseite gesehen. Vergr. 65.

Erklärung der Buchstaben.

A = Anus
Abd = Abdomen
Abs_{1-11} = Abdominalsegment (1.—11.)
Abx_1 = Gliedmaassenanhänge des 1. Abdominalsegmentes
am = Amnion
amhl = Amnionhöhle
Amp = Terminalampulle der Geschlechtsgänge
Ant = Antenne
Appl = Appendices Labii
Blast = Blastoderm
C = Herz, Rückengefäss
Chmd = Chitinhebel zum Bewegen der mandibularen Stechborsten
Cl = Clypeus
Cx = Coxa, Hüfte
D = Dotter
Deut = Ganglion des Antennensegmentes
Ed = Enddarm
ekt = Ektoderm
Fa = Facettenauge
Fe = Femur, Oberschenkel
Fr = Frons, Stirn
Forco = Foramen occipitale
ggl ub_{1-11} = Abdominalganglion (1.=11.)
gglz = Ganglienzellen
Gon = männliche Genitalanhänge
Gon_8 = Gonapophysen des 8. Abdominalsegmentes
Gon lat_9 = laterale ⎱ Gonapophysen des 9. Ab-
Gon med_9 = mediale ⎰ dominal segmentes
Gul = Gula
Hyp = Hypopharynx
Int = Intersegmentalhaut
Ju = Juga (Laminae mandibulares)
K = körnchenförmige Einschlüsse im Dotter
Kbl = Kopflappen
Kf = Kieferregion
Kt = Kiefertasche
Lab = Labium
Lab_{1-4} = 1.—4. Glied der Unterlippe
Lamx = Lamina maxillaris
Malp = Vasa Malpighi
Md = Mandibel
mes = Mesoderm
msk = Muskeln
Mx_{1-2} = vordere resp. hintere Maxille
Mxl = Lade (Lobus internus oder Lacinia) der vorderen Maxille

Mxp = Maxillarhöcker
O = Mundöffnung
Ob = Labrum
$Parast_{1-9}$ = Parasternit des 1.— 9. Abdominalsegmentes
$Parat_{I.—III.}$ = Paratergit des 1.—3. Thoraxsegmentes
$Parat_{1-9}$ = Paratergit des 1.—9. Abdominalsegmentes
Phsk = Chitinscelet des Pharynx
Procx = Processus maxillaris (Buccula) = Rudiment des Palpus maxillaris
Ptrmd = Musculus protractor mandibularis
Ptrmx = Musculus protractor maxillaris
R = Invagination des Mesoderms
Rtrmd = Musculus retractor mandibularis
Rtrmx = Musculus retractor maxillaris
Sa = Seta, Stechborste
Semd = Seta mandibularis
Semx = Seta maxillaris
Spl = Speicheldrüsen
Spld = Speichelgang
Splex = Spritzapparat der Speicheldrüsen resp. Anlage desselben
Splo = Einstülpung für die Speicheldrüsenanlage
St_{1-10} = Stigma (1.—10)
Stern = Sternit
$Stern_{1-11}$ = Sternit des 1.—11. Abdominalsegmentes
Sternl = laterales Feld der Sternitanlage
Sternm = medianes Feld der Sternitanlage
Ta = Tarsus
$Terg_{I.—III.}$ = 1.—3. thorakales Tergit
$Terg_{1-11}$ = 1.—11. abdominales Tergit
$Tergmx_2$ = Tergit des hinteren Maxillarsegmentes
Tergw = Tergitwulst (verdickter, an der Ventralseite verbleibende Seitenrand der Tergitanlage).
$Tergw_{I.—III.}$ = Tergitwulst des 1.—3. Thoraxsegmentes
$Tergw_{1-11}$ = Tergitwulst des 1.—11. Abdominalsegmentes
Th = Thorax
$Thx_{I.—III.}$ = Thoraxbeine
Ti = Tibia
Tr = Trochanter
Trit = Ganglion des Intercalarsegmentes
Ve = Vertex

is 4 Mark.
. Nr. 1.

der pall
k.
s 7 Marl
ocephali
(Bd. 5

ins Blum.
10 T. n.
. Nr. 5.)

aragha in

m Blatta.

1. Nr. 3.)

cadinatus
, Aphis

) Wes

xpedition
897. 4

rbeitun,
172
Mark.
. Nr. 5
139
Siebonte
Nr. 3)

phalog e
Mark. --
Proso
Mark.
pfer der

46 S. n.

31 S. n

84. 4⁰.

. Nr. 2.)

Folgende zuletzt ve ... ...aueu ... ...gegebe ... ...richten zoolo... ... ...aen
Inhalts sind durch die Buc... ...lung von Willi. Enge... ... Leipzig zu ... ...

Graf, Arnold. Hirudineenstudien. (Bd. 72. Nr. 2). Halle 1899. 190 S. u. 15 T. Preis 30 Mar...

Grevé, Carl. Die geographische Verbreitung der jetzt lebenden Perissodactyla, Lamnungnia u. Artiodactyla non ruminantia. (Bd. 70. Nr. 5). Halle 1898. 89 S. u. 5 Karten in Farbendruck. Preis 9 Mark

Clasen, F. Muskeln und Nerven des proximalen Abschnittes der vorderen Extremität des Kaninchens. (Bd. 69. Nr. 3) Halle 1897. 4⁰. 27 S. u. 4 T. Preis 5 Mark.

Carrière, Justus und Bürger, Otto. Die Entwicklungsgeschichte der Maaerbiene (Chalicodoma muraria, Fabr.) im Ei. (Bd. 69. Nr. 2). Halle 1897. 4⁰. 168 S. u. 13 T. Preis 30 Mark.

Lendenfeld, R. v. Die Clavulina der Adria. (Bd. 69. Nr. 1.) Halle 1897. 4⁰. 251 S. u. 12 T. Preis 27 Mark.

Grevé, Carl. Die geographische Verbreitung der Pinnipedia. (Bd. 66. Nr. 4.) Halle 1896. 4⁰. 48 S. u. 4 T. Preis 6 Mark.

Pick, Arnold. Untersuchungen über die topographischen Beziehungen zwischen Retina, Opticus und gekreuztem Tractus opticus beim Kaninchen. (Bd. 66. Nr. 1.) Halle 1895. 4⁰. 29 S. u. 12 T. Preis 10 Mark.

Bergh, R. Beiträge zur Kenntniss der Coniden. (Bd. 65. Nr. 2.) Halle 1895. 4⁰. 146 S. u. 13 T. Preis 12 M'

Clasen, Ferd. Die Muskeln und Nerven des proximalen Abschnittes der vorderen Extremität der Katze. (Bd. 6. Nr. 4.) Halle 1895. 4⁰. 36 S. u. 4 T. Preis 5 Mark.

Grevé, C. Die geographische Verbreitung der jetzt lebenden Raubthiere. (Bd. 63. Nr. 1.) Halle 1894. 4 280 S. u. 11 Karten in Farbendruck. Preis 30 Mark.

Becker, Th. Revision der Gattung Chilosia Meigen. (Bd. 62. Nr. ?) Halle 1894. 4⁰. 524 S. u. 13 T. Preis 20 Mar .

Nalepa, A. Beiträge zur Kenntniss der Phyllocoptiden. (Bd. 61. Nr. 4.) Halle 1894. 4⁰. 36 S. u. 9 T. Preis 7 Mar,

Verhoeff, C. Blumen und Insekten der Insel Norderney und ihre Wechselbeziehungen. Ein Beitrag zur Insekten-Blumenlehre und zur Erkenntniss biologischer und geographischer Erscheinungen auf den deutschen Nordsee-inseln. (Bd. 61. Nr. 2.) Halle 1893. 4⁰. 172 S. u. 3 T. Preis 9 Mark.

Behrends, G. Ueber Hornzähne. (Bd. 58. Nr. 6.) Halle 1892. 4⁰. 39 S. u. 2 T. Preis 5 Mark.

v. Ihering, H. Zur Kenntniss der Sacoglossen. (Bd. 58. Nr. 5.) Halle 1892. 4⁰. 75 S. u. 2 T. Preis 4 Mark.

Hartlaub, Clemens. Beitrag zur Kenntniss der Comatulidenfauna des Indischen Archipels. (Bd. 58. Nr. 1.) Halle 1891. 4⁰. 120 S. u. 5 T. Preis 9 Mark.

Nalepa, A. Neue Gallmilben. (Bd. 55. Nr. 6.) Halle 1891. 4⁰. 35 S. u. 4 T. Preis 5 Mark.

Simroth, H. Die Nacktschnecken der portugiesisch-azorischen Fauna in ihrem Verhältniss zu denen der paläarktischen Region überhaupt. (Bd. 56. Nr. 2.) Halle 1891. 4⁰. 224 S. u. 10 T. Preis 15 Mark.

— Beiträge zur Kenntniss der Nacktschnecken. (Bd. 54. Nr. 1.) Halle 1889. 4⁰. 91 S. u. 4 T. Preis 7 Mark

Marchand, F. Beschreibung dreier Mikrocephalen-Gehirne nebst Vorstudien zur Anatomie der Mikrocephalie. Abtheilung I. (Bd. 53. Nr. 3.) Halle 1889. 4⁰. 59 S. u. 5 T. Preis 6 Mark. — Abtheilung II. (Bd. 54. Nr. 3.) Halle 1890. 4⁰. 112 S. u. 1 T. Preis 6 Mark.

Pohlig, H. Dentition und Kranologie des Elephas antiquus Falc. mit Beiträgen über Elephas primigenius Blum. und Elephas meridionalis Nesti. Erster Abschnitt. (Bd. 53. Nr. 1.) Halle 1888. 4⁰. 280 S. 10 T. u. mit im Text eingedruckte Zinkographieen. Preis 25 Mark. Zweiter Abschnitt. (Bd. 57. Nr. 5) Halle 1891. 4⁰. 202 S., 7 T. u. 47 in dem Text eingedruckte Zinkographieen. Preis 20 Mark.

Wilckens, M. Beitrag zur Kenntniss des Pferdegebisses mit Rücksicht auf die fossilen Equiden von Taragha in Persien. (Bd. 52. Nr. 5.) Halle 1888. 4⁰. 30 S. u. 8 T. Preis 5 Mark 50 Pf.

Hofer, B. Untersuchungen über den Bau der Speicheldrüsen und des dazu gehörenden Nervenapparats von Blatta. (Bd. 51. Nr. 6.) Halle 1887. 4⁰. 51 S. u. 3 T. Preis 5 Mark.

... Sohn, E. Zur Bildung der Eihüllen, der Mikropylen und Chorionanhänge bei den Insekten. (Bd. 51. Nr. 3.) Halle 1887 4⁰. 72 S., 5 T. u. in den Text eingedruckte Holzschnitte. Preis 9 Mark.

Kessler, H. F. Die Entwickelungs- und Lebensgeschichte der Chaitophorus aceris Koch, Chaitophorus testudinatus Thornton und Chaitophorus lyropictus Kessler. Drei gesonderte Arten. (Bisher nur als eine Art, Aphis aceris Linné, bekannt.) (Bd. 51. Nr. 2.) Halle 1886. 4⁰. 31 S. u. 1 T. Preis 4 Mark 50 Pf.

Dewitz, H. Westafrikanische Tagschmetterlinge. (Fortsetzung zu Nova Acta Bd. 41. Pars II. Nr. 2.) West-afrikanische Nymphaliden. (Bd. 50. Nr. 4.) Halle 1887. 4⁰. 8 S. u. 1 T. Preis 2 Mark.

Kolbe, H. J. Beiträge zur Zoogeographie Westafrikas nebst einem Bericht über die während der Loango-Expedition von Herrn Dr. Falkenstein bei Chinchoxo gesammelten Coleopteren. (Bd. 50. Nr. 3.) Halle 1887. 4'. 212 S. u. 3 T. Preis mit color. T. 18 Mark, mit uncolor. T. 15 Mark.

Gumppenberg, C. Freih. v. Systema Geometrarum zonae temperatioris septentrionalis. Systematische Bearbeitung der Spanner der nördlichen gemässigten Zone. Erster Theil. (Bd. 49. Nr. 4.) Halle 1887. 4⁰. 172 S. u. 3 T. Preis 12 Mark. — Zweiter Theil. (Bd. 52. Nr. 4.) Halle 1888. 4⁰. 131 S. Preis 5 Mark. Dritter Theil. (Bd. 54. Nr. 4.) Halle 1890. 4⁰. 164 S. Preis 6 Mark. — Vierter Theil. (Bd. 54. Nr. 5) Halle 1890. 4⁰. 112 S. Preis 4 Mark. — Fünfter Theil. (Bd. 58. Nr. 4.) Halle 1892. 4⁰. 139 L. Preis 5 Mark. — Sechster Theil. (Bd. 59. Nr. 2.) Halle 1893. 4⁰. 99 S. Preis 4 Mark. — Siebenter Theil. (Bd. 64. Nr. 6.) Halle 1895. 4⁰. 146 S. Preis 6 Mark. — Achter Theil. (Bd. 65. Nr. 3.) Halle 1896. 4⁰. 190 S. u. 5 T. Preis 12 Mark.

Frenzel, J. Mikrographie der Mitteldarmdrüse (Leber) der Mollusken. I ... Allgemeine Morphologie und Physiologie des Drüsenepithels. (Bd. 48. Nr. 2.) Halle 1886. ... Preis 18 Mark. — Zweiter Theil. Erste Hälfte. Specielle Morphologie des Drüsenepithels ... ranchiaten, Proso-branchiaten und Opisthobranchiaten. (Bd. 60. Nr. 3.) Halle 1893. 4 ... Preis 20 Mark.

Wunderlich, L. Beiträge zur vergleichenden Anatomie und Entwickelung ... im Kehlkopfe der Vögel. (Bd. 48. Nr. 1.) Halle 1884. 4⁰. 80 S. u. 4 T. Preis 6 Mark.

Adolph, E. Die Dipterenflügel, ihr Schema und ihre Ableitung. (Bd. 47. ... Halle 1885. 4⁰. 46 S. u. 4 T. Preis 5 Mark.

Burmeister, H. Neue Beobachtungen an Macrauchenia patachonica. (Bd. 47. Nr. ... Halle 1885. 4⁰. 31 S. u. 2 T. Preis 3 Mark 50 Pf.

Kessler, H. F. Beitrag zur Entwickelungs- und Lebensweise der Aphiden. (Bd. 47. Nr. 8 Halle 1884. 4⁰. 36 S. u. 1 T. Preis 3 Mark.

Blanc, H. Die Amphipoden der Kieler Bucht nebst einer histologischen Darste ... (Bd. 47. Nr. 2.) Halle 1884. 4⁰. 68 S. u. 5 T. Preis 8 Mark.